Franz-Josef Bettag

Pastellmalerei für Einsteiger

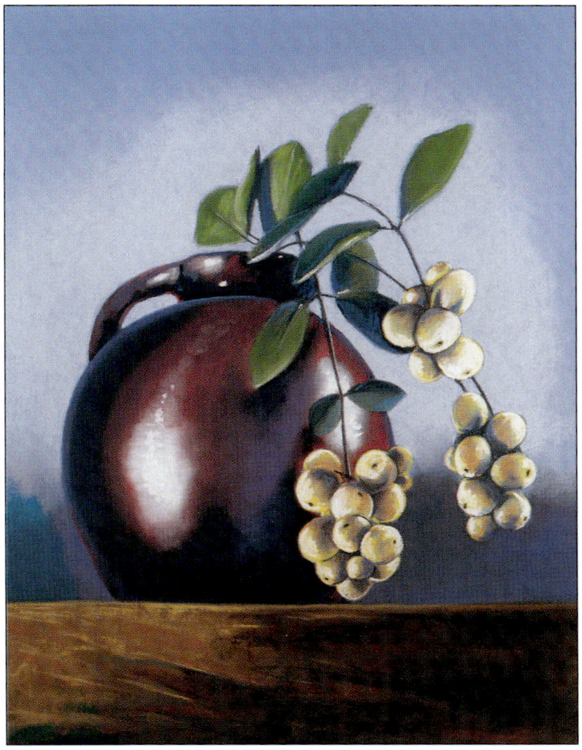

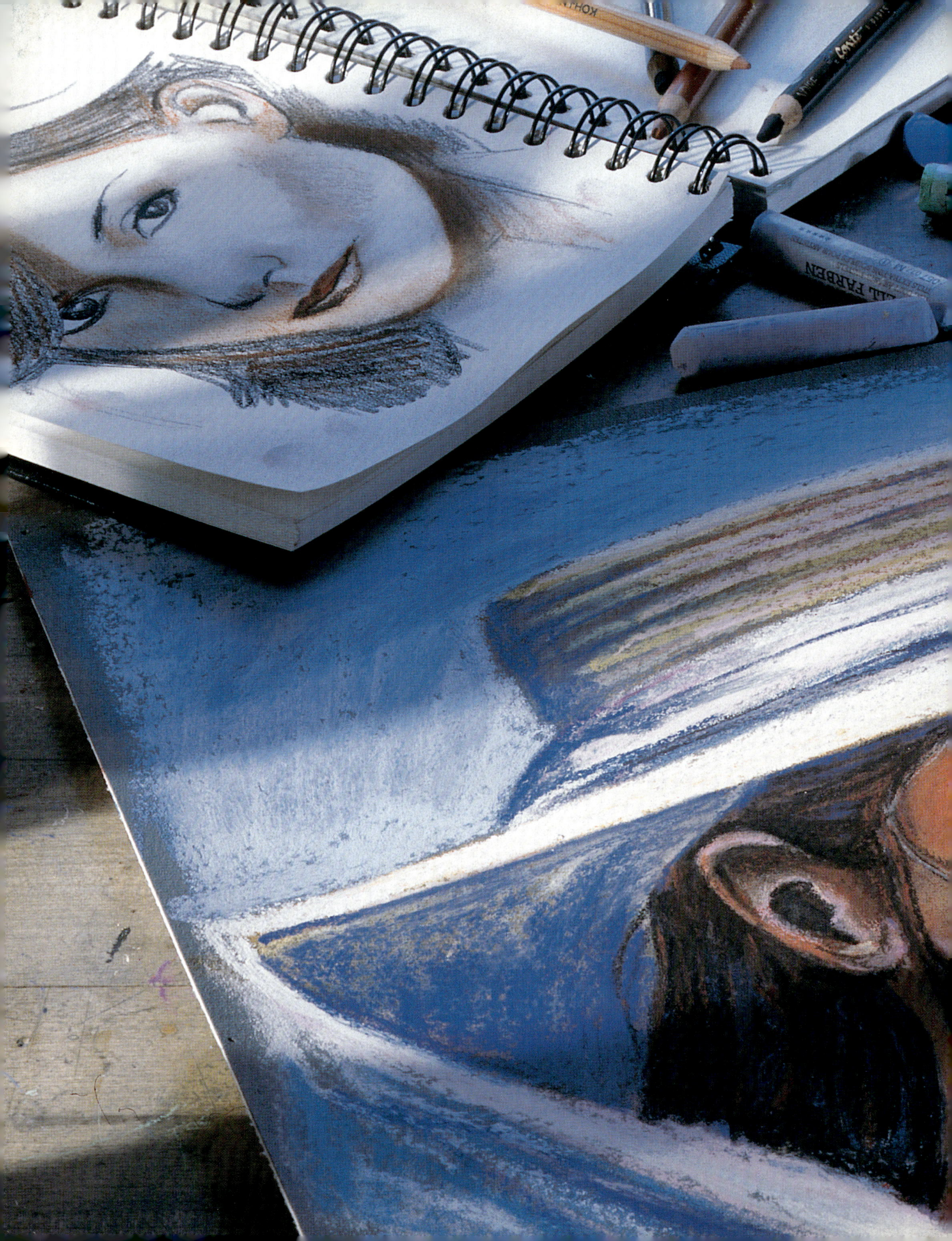
FARBEN

Franz-Josef Bettag

Pastellmalerei für Einsteiger

Material - Techniken

Schritt-für-Schritt-Anleitungen

Augustus Verlag

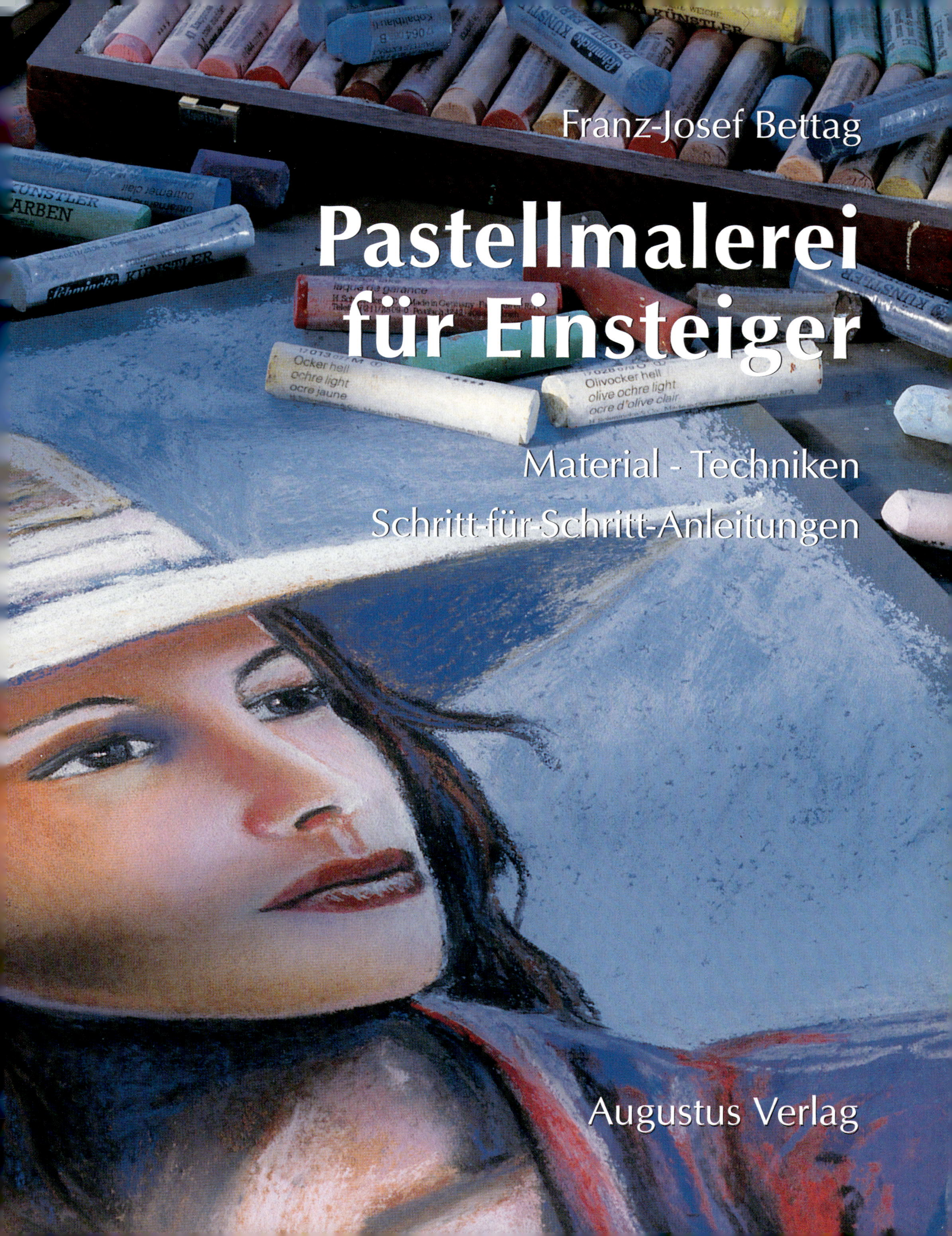

Inhalt

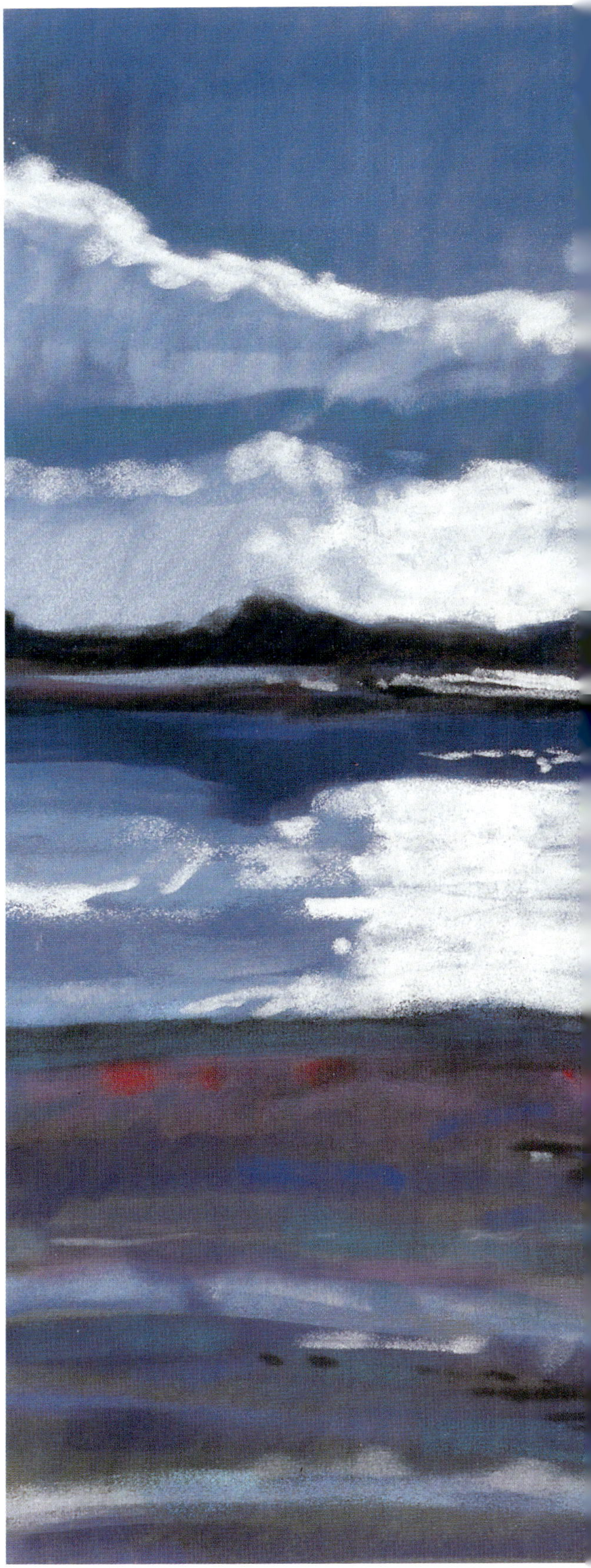

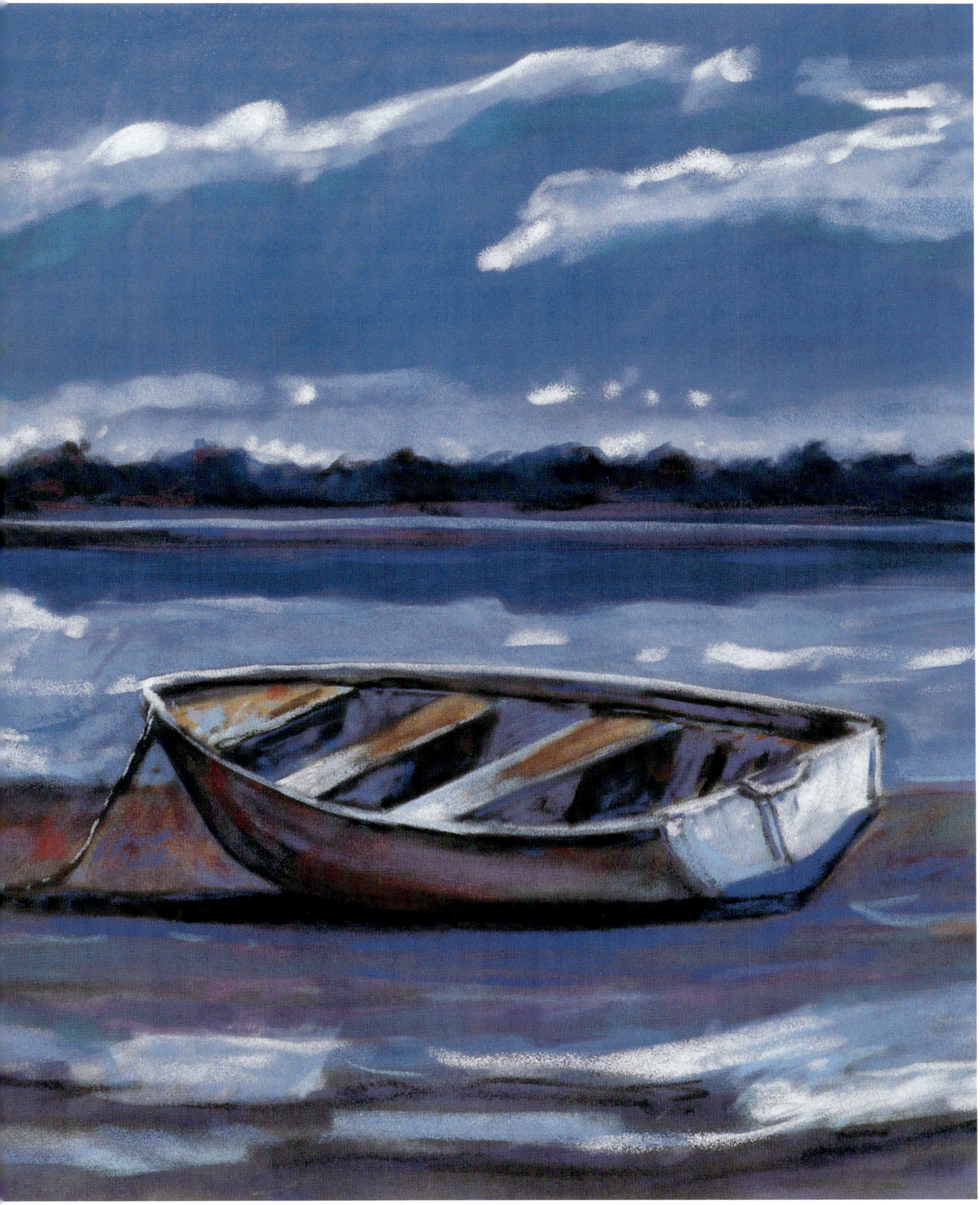

Vorwort

Das Pastell gehört zu den leuchtendsten Farben in der Malerei. Es bietet dem Künstler reichhaltige Möglichkeiten des künstlerischen Ausdrucks. Er kann es zum Skizzieren und Zeichnen verwenden, aber auch eigenständige Gemälde damit anfertigen.

Die Farbe wird trocken aufgetragen und benötigt keine Binde- oder Lösungsmittel. Der Künstler kann also ohne besondere Vorbereitungen direkt damit malen. Dadurch läßt sich die Bildwirkung schon im Entstehungsprozeß beeinflußen und verändern.

Das Pastell besteht aus fast reinen Farbpigmenten und besitzt deshalb eine kraftvolle und strahlende Intensität. Pastellfarben werden buchstäblich mit der Hand vermalt und so erhält man, wie bei keiner anderen Maltechnik, ein Gefühl für das entstehende Bild.

Leider wird diese malerische Technik immer wieder falsch vermittelt, und so machen Anfänger ohne Vorkenntnisse Fehler, die zu vermeiden sind. Dabei ist die Technik leicht zu erlernen und kann ohne großen Aufwand unmittelbar ausgeführt werden.

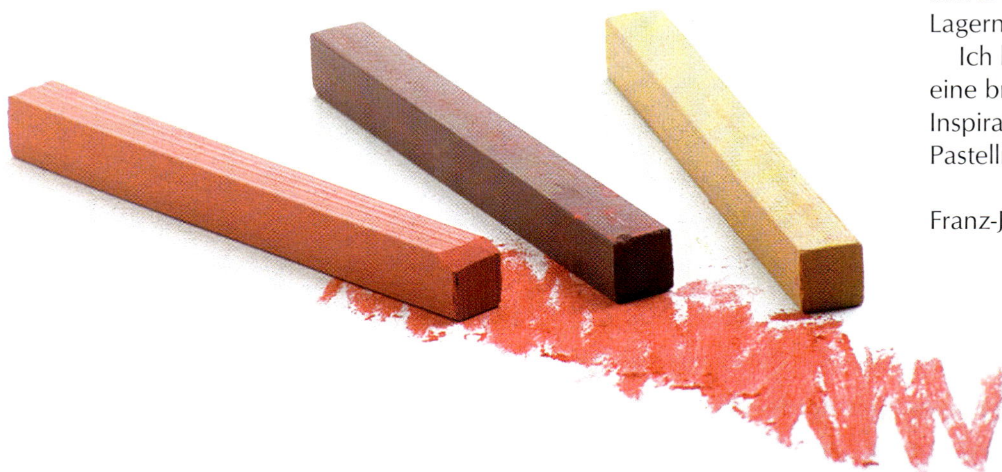

Bei richtiger Arbeitsweise lassen sich damit nicht nur schnelle Skizzen, sondern auch eindrucksvolle Gemälde herstellen, die keinen Vergleich mit Werken in anderen Maltechniken scheuen müssen.

Ich möchte Ihnen anhand meiner Erfahrungen die Technik der Pastellmalerei näherbringen. Dabei verzichte ich in diesem Buch bewußt auf Kapitel wie Farbenlehre oder Perspektive, da dies nicht direkt zum Erlernen der Pastell-Technik beiträgt. Stattdessen erhalten Sie einen umfangreichen Einblick in die verschiedenen Anwendungsmöglichkeiten und werden Schritt für Schritt in die Materie eingeführt. Denn wenn Sie nicht über die notwendigen handwerklichen Fähigkeiten verfügen, werden Sie das Wesensmerkmal dieser Kunst nicht erfassen können.

Am Anfang dieses Buches erfahren Sie Wissenswertes über Farben und notwendige Hilfsmittel, damit Ihnen deren Anschaffung leichter fällt. Nach dem Studium des zweiten Kapitels werden Sie in der Lage sein, Bilder nach Ihrem persönlichen Stil und Geschmack zu realisieren. Zum Abschluß des Buches erfahren Sie noch Nützliches über die Reparatur fehlerhafter Bilder sowie das richtige Rahmen und Lagern Ihrer Kunstwerke.

Ich hoffe, daß Ihnen dieses Buch eine brauchbare Hilfe und erste Inspiration beim Einstieg in die Pastellmalerei sein wird.

Franz-Josef Bettag

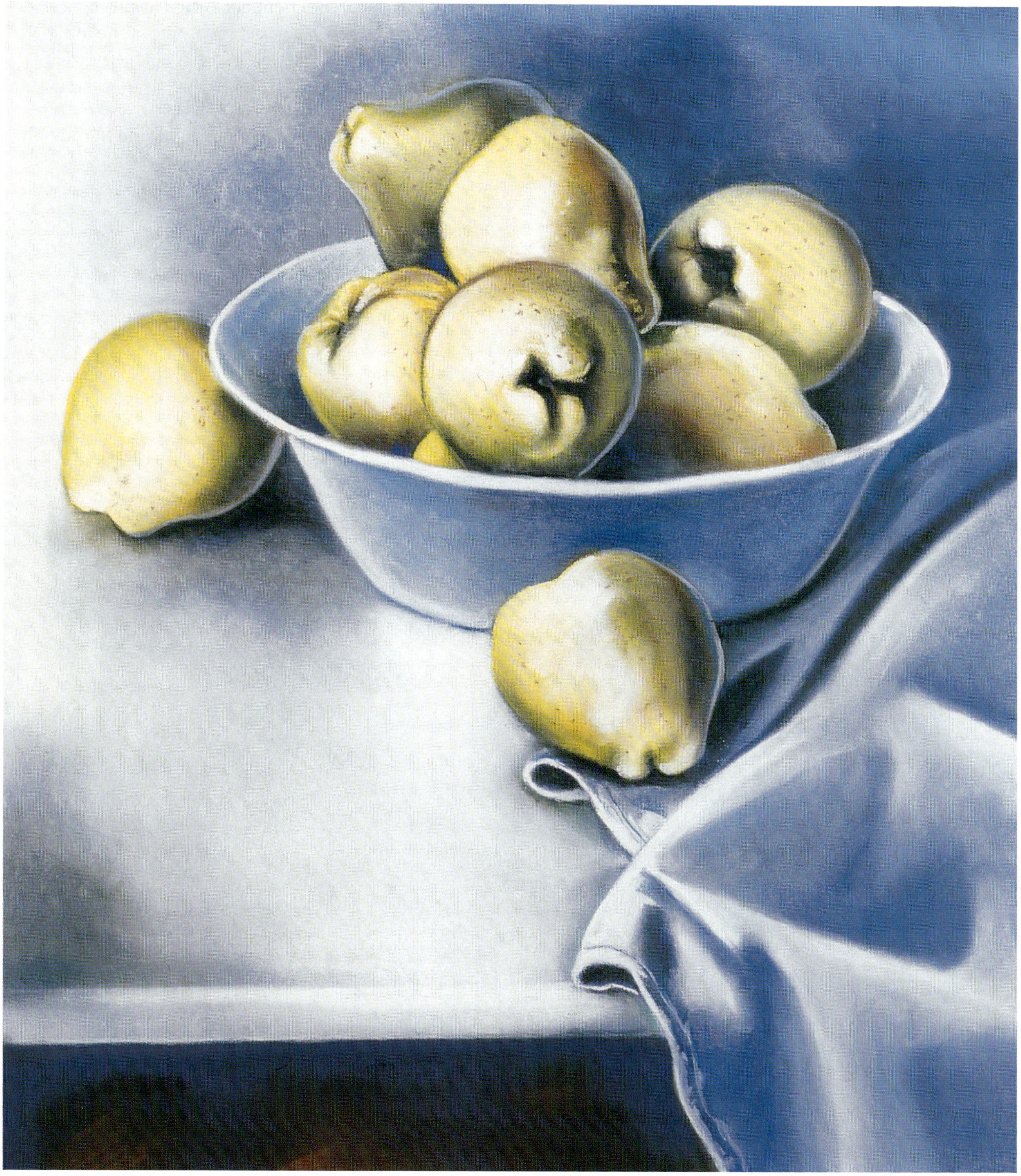

Die Farben

Das Ausdrucksmittel des Malers ist die Farbe. Das Pastell ist eine der ältestens Maltechniken überhaupt. In den Höhlenmalereien unserer Vorfahren entdeckte man pastellähnliche Techniken. Der Gebrauch von Pastellfarben in Form von Stiften geht auf das späte 15 Jahrhundert zurück. Die Künstler erkannten schnell, daß sich diese Farbe für Porträtzeichnungen eignet. Die venezianische Künstlerin Rosalba Carriera (1675-1757) war eine der ersten, die zur Popularität der Pastellfarben beitrug. Sie beeinflußt bis heute viele Künstler, die sich mit dieser Technik befassen. Im 19. Jahrhundert erlebte die Pastellmalerei einen regelrechten Aufschwung. Die Impressionisten betrachteten das Pastell als ideales Medium um ihren individuellen Stil auszudrücken. Maler wie Renoir, Gaugin, Matisse und Toulouse-Lautrec waren wahre Meister dieser Technik. Bis heute sind die farbenprächtigen Bilder dieser Künstler erhalten geblieben und bieten einen lebendigen Einblick in die vielseitige Materie.

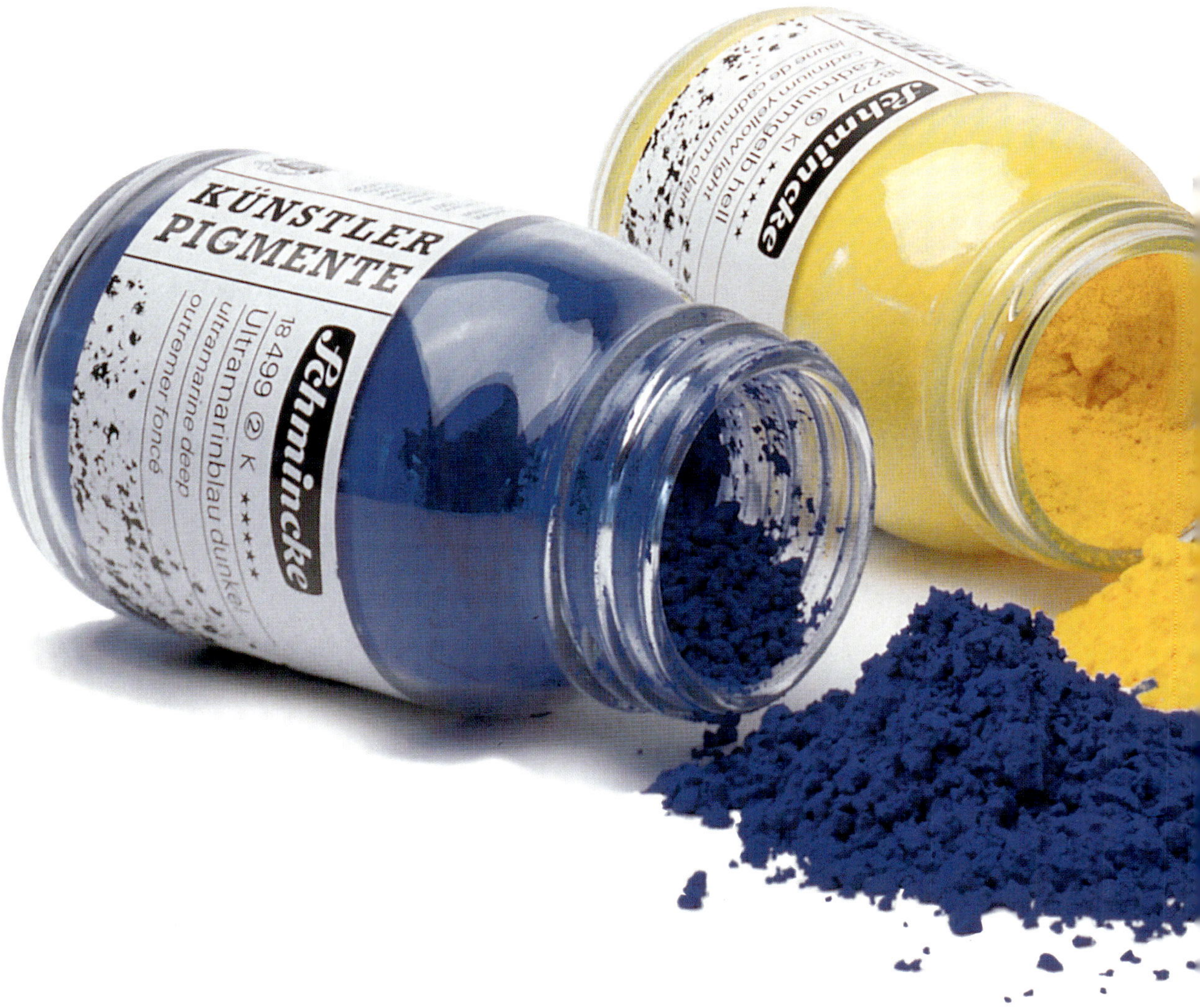

Die Eigenschaften der Pastellfarbe

Die Pastellfarbe ist die reinste aller Farben. Sie besteht aus reinem Farbpigment und einem Bindemittel. Seit jeher finden hier unterschiedliche Bindemittel Verwendung. Diese werden in Wasser aufgelöst und zum gewünschten Pigment gemischt. Aus der Mischung knetet man dann das Pastell. Die hellen Töne werden mit weißer Kreide vermischt, den dunklen Tönen mischt man schwarze Farbe oder Holzkohle bei.

Die so entstandenen Farbmischungen werden dann von Hand in eine Form geknetet oder bei der maschinellen Verarbeitung durch eine Röhre gepreßt und zurechtgeschnitten. Um die gewünschte Konsistenz zu erhalten, muß dem jeweiligen Farbpigment unterschiedlich viel Bindemittel zugesetzt werden.

Die verschiedenen Eigenschaften der Farbstoffe und die bei der Herstellung ausgeübte Presstärke bestimmen nach der Trocknung den Weichheitsgrad der angebotenen Pastellkreiden.

Je härter die Pastellkreide ist, desto stärker ist der Bindemittelanteil in der Farbe. Einige Hersteller mischen der Farbe zusätzlich Lehm, Talkum, Kaolin oder Glasmehl bei, um dem Stift die nötige Stabilität zu verleihen. Mit diesen Zusätzen zerbröselt er nicht beim Auftragen und besitzt bessere Maleigenschaften. Es gibt also Qualitätsunterschiede zwischen den einzelnen Marken.

Vergleiche sind deshalb angebracht. Denn nicht jede im Handel erhältliche Pastellfarbe läßt sich für jeden Zweck gleich gut einsetzen.

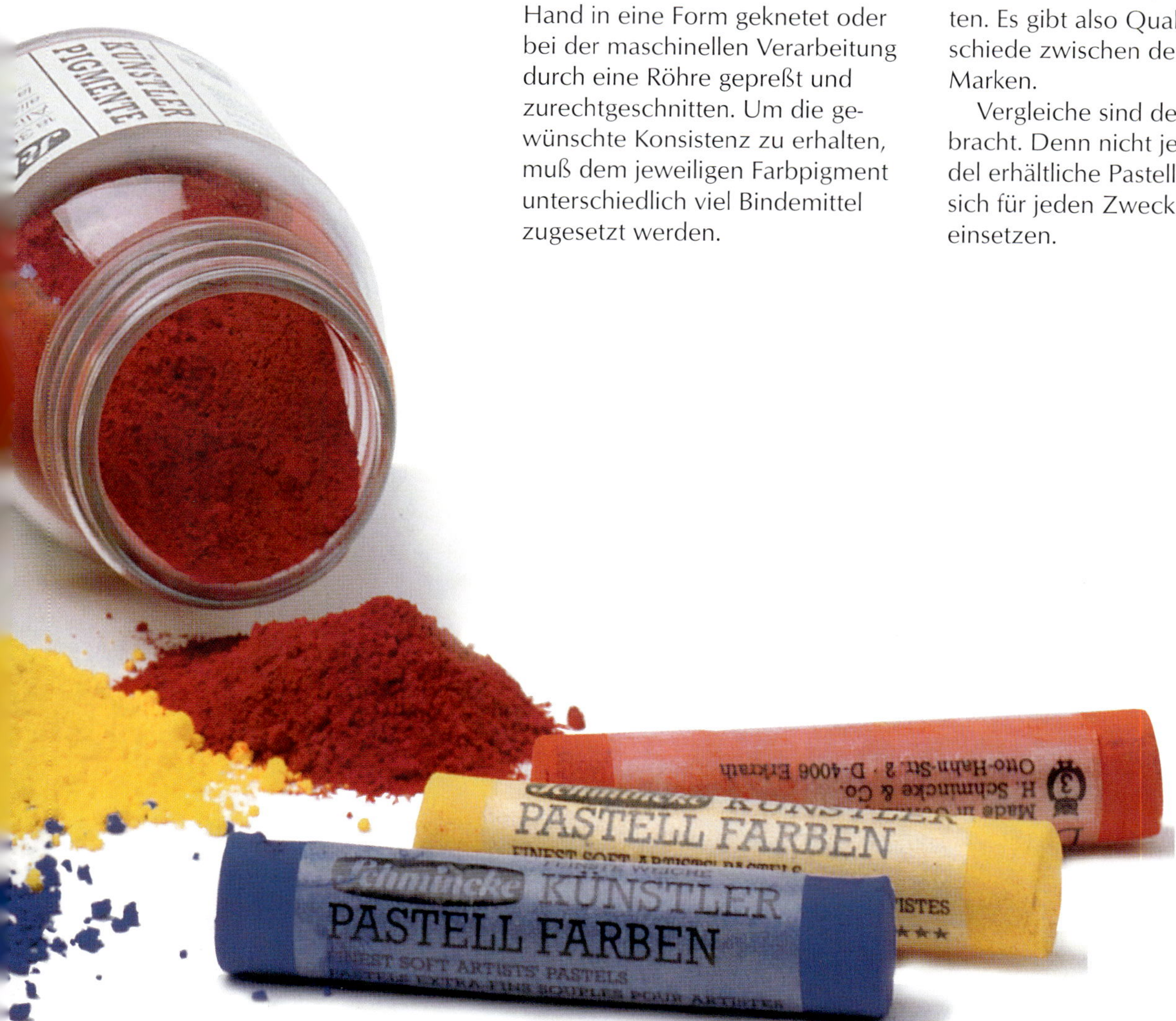

Die Auswahl der richtigen Farben

Im Gegensatz zu Öl- oder Wasserfarben können Pastelle nicht auf einer Palette zu anderen Farbtönen vermischt werden. Ein Pastellstift hat bereits fertig angemischte Farbtöne. Aus diesem Grund ist beim Kauf die richtige Wahl der Farben sehr wichtig. Da die Auswahl der Farbtöne weitgehend eine Sache des persönlichen Geschmacks ist, stellt man sich am besten ein Grundsortiment zusammen, das nach und nach erweitert werden kann.

Pastellfarben gibt es in drei Härtegraden: Weich, mittel und hart (Die Hersteller ordnen die mittleren Härtegrade zu den weichen).

Die weichen Pastellstifte sind am brillantesten und werden in der größten Farbauswahl angeboten. Die Firma Schmincke bietet zum Beispiel 299 verschiedene Farbtöne an. Das System baut auf 54 Volltönen, sowie drei Weiß, einer Schwarz-Ausmischung und 11 neutralen Grauwerten auf. Jeden Farbton gibt es in 4 Abstufungen: den dunkleren Grundton, der in drei Stufen heller wird.

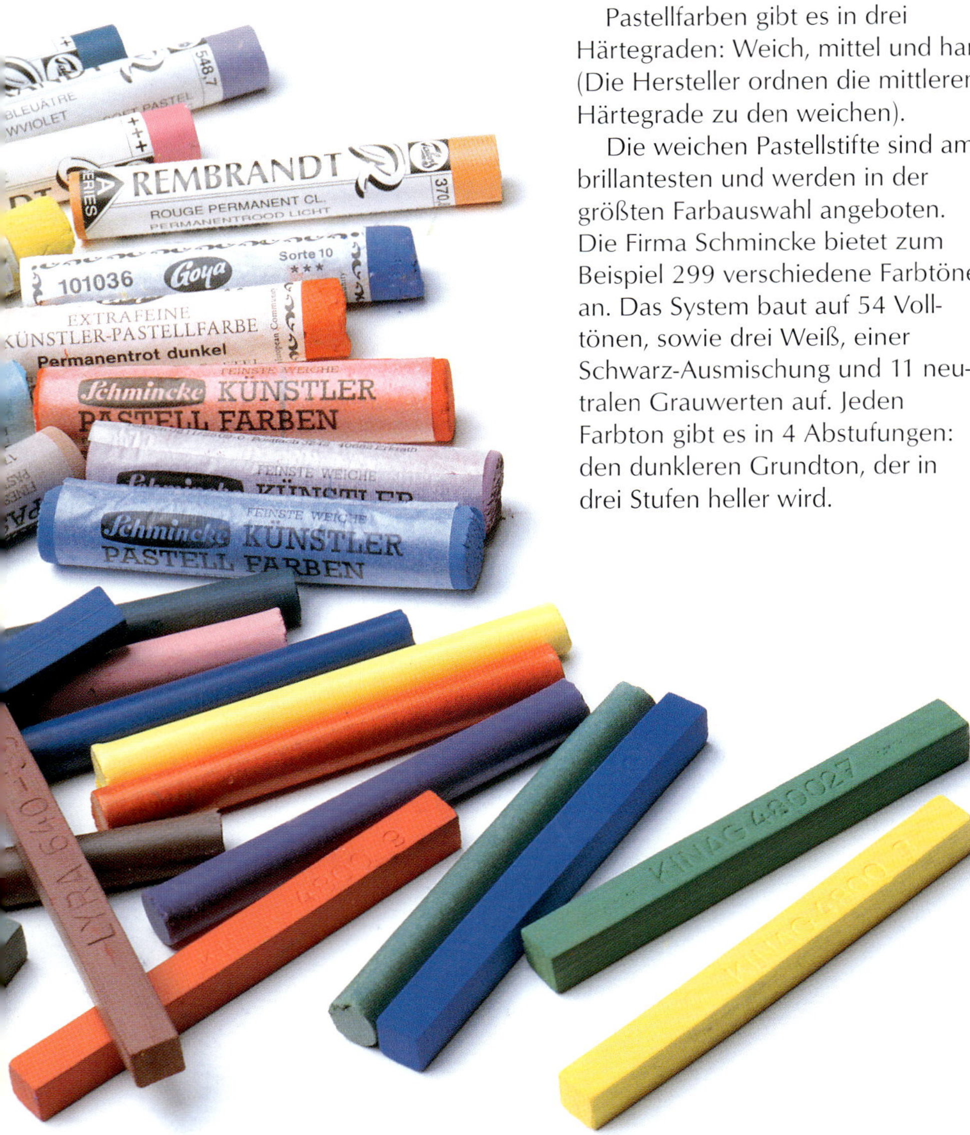

Die Hersteller von mittelweichen Kreiden beschränken sich auf 90 bis 125 unterschiedliche Farbtöne.

Die harten Kreiden werden in 48 verschiedenen Farbtönen angeboten. Durch die klassische Vierkantform und ihre feste Konsistenz können sie mit einem Messer fein angespitzt werden. Der Pastellmaler benutzt sie für Untermalungen und zum Anlegen von Details oder feinen Linien.

Die meisten Hersteller bezeichnen ihre Farben mit Namen und Nummern. Leider existiert kein einheitliches System, so daß es schwierig wird, bestimmte Farbtöne genau zu bestimmen.

Befriedigende Ergebnisse erreicht man in der Regel durch eine Kombination aus harten und weichen Pastellkreiden.

Jeder Pastellmaler favorisiert eine bestimmte Sorte, die ihm für seine Arbeit am optimal erscheint.

Für die unterschiedlichen Techniken in der Pastellmalerei müssen Sie sich mit der Zeit einen Grundstock mit Stiften unterschiedlicher Härte anlegen und durch weitere Farbnuancen die Lücken in Ihrem Sortiment schließen. Mit der Zeit erhalten Sie dann ein Sortiment, das auf Ihre Bedürfnisse zugeschnitten ist.

Für harte Pastelle reicht ein Grundsortiment von 12 Farbtönen vollkommen aus. Bei weichen Pastelle sind Sortierungen mit 30 oder 60 Kreiden, die es als Grundsortiment oder als Spezialsortiment für Porträt und Landschaft gibt, empfehlenswert.

Weiche Pastelle

Pastellfarbe besteht in der Regel aus dem entsprechenden Pigment und einem Binder, meist Tragant-Gummi. Je weniger Bindemittel beigesetzt wird, desto weicher ist die Konsistenz des Pastells. Einige Sorten werden noch manuell gemischt. Die Pigmentpaste wird in spezielle Formen gepresst und bis zu 10 Tage lang getrocknet. Schließlich werden sie von Hand in die Papierhülsen gesteckt. Weiche Pastelle besitzen eine reichhaltige Farbskala, so bietet z. B. die Firma Sennelier bis zu 600 Farbtöne an. Im Fachhandel sind sie einzeln oder in speziell sortierten Kästen erhältlich.

Weiche Pastellkreiden lassen auf dem Malgrund große Farbmengen zurück, deshalb ist ein starker, intensiver Farbauftrag für diese Sorte charakteristisch.

Der Künstler kann so die Textur des Papiers voll nutzen und mit überlagernden Schraffuren verschiedener Farbtöne reizvolle Oberflächeneffekte erzeugen. Weiche Pastelle lassen sich hervorragend mit dem Finger oder anderen Hilfsmitteln ineinander verwischen.

Die bekanntesten Sorten weicher Pastellkreiden stammen von Sennelier aus Frankreich, Schmincke aus Deutschland und Winsor & Newton aus England.

Ich habe herausgefunden, daß die Sorten untereinander kaum vergleichbar sind, da jede eine besondere Eigenschaft und verschiedene Farbnuancen aufweist. Deshalb verwende ich für meine Arbeit immer eine Auswahl der verschiedenen Marken.

Im Fachhandel erhalten Sie abgepackte Spezialsortierungen in Holzkästen von 15 bis 180 Pastellen für jeden Einsatzzweck.

Weiche Pastellkreiden haben einen satten, buttrigen Aufstrich. Sie sind so stark pigmentiert, so dass schon wenige Striche ausreichen, um den Malgrund abzudecken. Mit dem Finger verwischt, entstehen deckende Flächen, ineinandergewischt entstehen zarte Übergänge oder weitere Farbmischungen. Je weicher eine Sorte ist, desto stärker kann dieser Effekt genutzt werden.

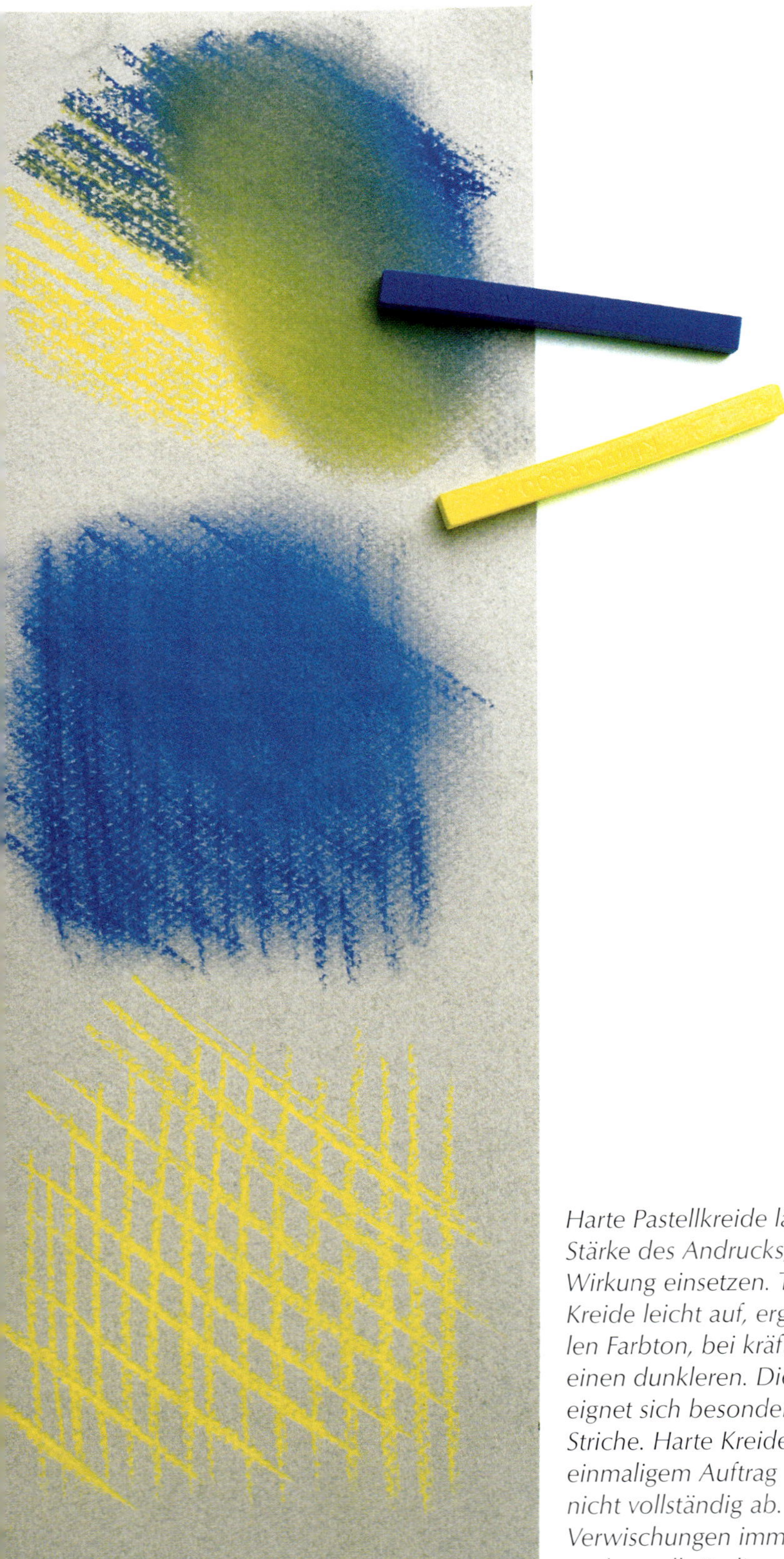

Harte Pastelle

Harte Pastellkreiden unterscheiden sich nicht nur durch die Dichte und Härte, sondern auch durch besondere Zusätze von den weichen. Sie werden mit Kreide, Glasmehl oder Kaolin versetzt und besitzen einen kreidigen Aufstrich.

Während man weiche Pastelle zum Ausfüllen großer homogener Flächen benutzt, eignen sich harte Kreiden zum Zeichnen und Skizzieren, sowie für Linien und genaue Details. Sie werden auch zum Anlegen der ersten Untermalung der Komposition für weiche Pastelle benutzt.

Während weiche Pastelle meist rund sind, gibt es die harten Kreiden gewöhnlich als klassische Vierkantkreide. Aufgrund ihrer festen Konsistenz lassen sie sich mit einem Messer fein anspitzen.

Sie sind in der Regel in Sortierungen bis zu 48 verschiedenen Farbtönen erhältlich. Für einen Anfänger, der sie nur zur Untermalung und für Details benutzt, reichen für den Anfang 12 Grundfarben völlig aus.

Ich benutze die harten Pastellfarben zum Vorzeichnen der Komposition und gehe dann zunehmend auf die weicheren Kreiden über. Harte Pastellkreiden sind in der Anfangsphase eines Bildes deshalb besonders zu empfehlen, weil sie nicht so stark stauben und die Malfläche nicht so schnell mit Pigmentstaub anreichern. Entsprechend häufiger kann diese Fläche dann mit weichen Pastellen übermalt werden.

Am bekanntesten und fast überall erhältlich sind die Kreiden von Conté à Paris, Cretacolor und Lyra, die sich nur durch ihre Größe unterscheiden, aber von gleich guter Qualität sind.

Harte Pastellkreide läßt sich, je nach Stärke des Andrucks, mit doppelter Wirkung einsetzen. Trägt man die Kreide leicht auf, ergibt sie einen hellen Farbton, bei kräftigem Druck einen dunkleren. Die Vierkantform eignet sich besonders für dünne Striche. Harte Kreiden decken bei einmaligem Auftrag den Untergrund nicht vollständig ab. Deshalb wirken Verwischungen immer aufgebrochen und unvollständig.

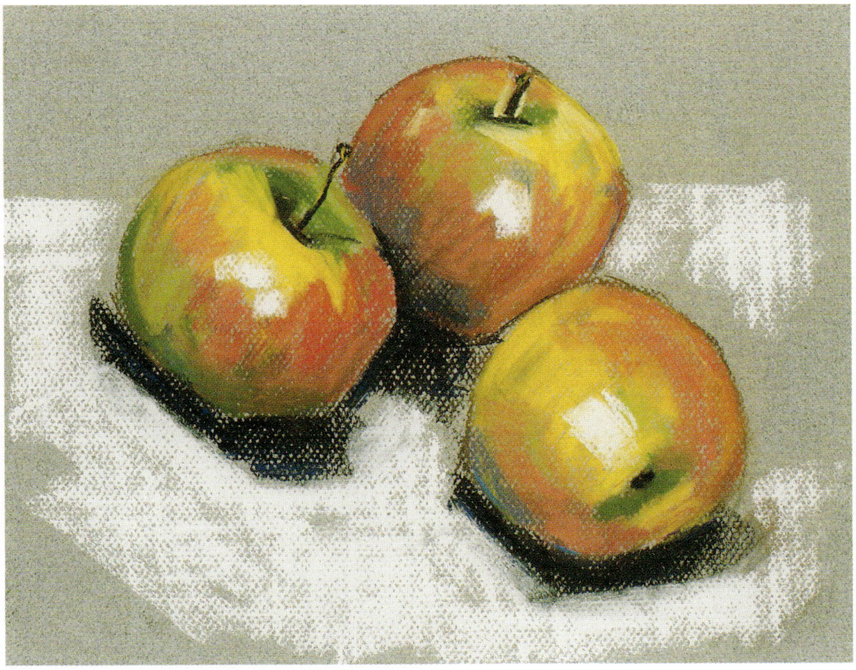

Beide Bilder zeigen das gleiche Motiv, im oberen Bild wurde mit harten Pastellen und im unteren mit weichen Pastellen gemalt. Die Unterschiede beider Sorten sind deutlich zu erkennen. Die harten Pastelle sind etwas stumpfer im Vergleich zu den weichen, deren Farben sehr intensiv und leuchtend sind. Bei den weichen Pastellen wird der Farbauftrag durch das Verwischen mit dem Finger deckender und geschlossener.

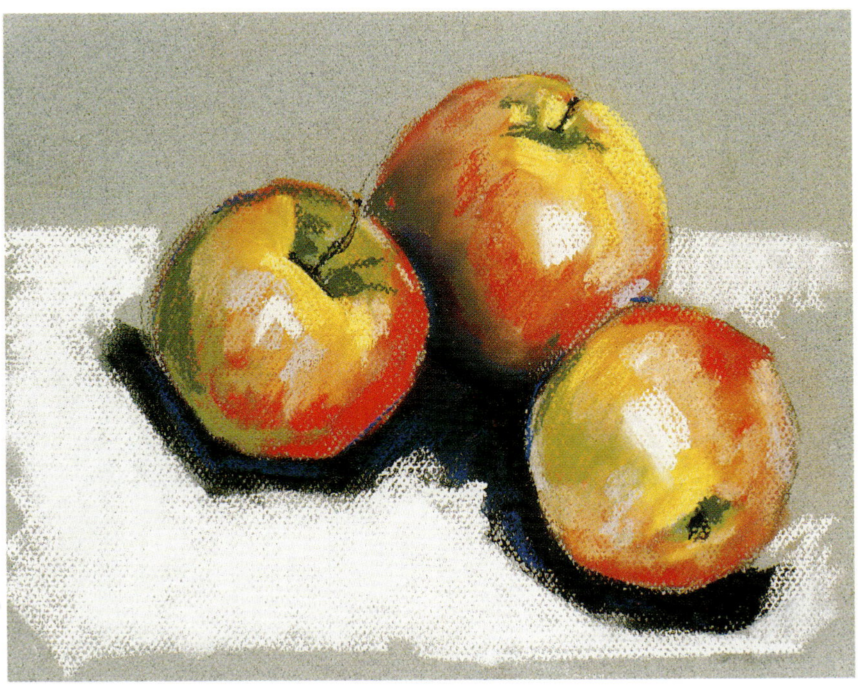

Hart oder weich?

Aufgrund der großen Preisunterschiede entscheiden sich Anfänger häufig für harte Pastelle und bedenken nicht, daß diese Sorte nur eine Variante der weichen Pastelle ist. Deshalb bemerken sie leider viel zu spät, daß sich die Unterschiede im Farbauftrag auch in ihren Bildern bemerkbar machen.

Harte Pastelle besitzen auf fast allen Papieren einen aufgebrochenen Farbauftrag. Mischungen untereinander sind nur sehr schwer zu erzielen. Sie lassen sich auch nur bedingt zu einer deckenden Fläche verwischen. Auch die Farbtöne sind nicht so kräftig und leuchtend wie bei den weichen, wesentlich höher pigmentierten Pastellen.

Wenn Sie lieber skizzieren oder zeichnen dann können Sie mit den harten Pastellen ohne weiteres gute Ergebnisse erzielen. Wenn Sie aber mehr zum malerischen tendieren, dann gelingen Ihnen mit weichen Pastellen die besseren Bilder.

Optimal ist wohl die Mischung beider Arten. Beginnen Sie die Komposition mit zwei oder drei dunklen Farbtönen der harten Kreiden und legen Sie dann mit den weichen Pastellen die Texturen und Farben an. Wenn Sie so vorgehen, erhalten Sie die besten Ergebnisse (Seite 24).

Damit Sie die Sorte, die Ihnen am besten liegt finden, sollten Sie im Fachhandel einige harte und weiche Pastelle testen, bevor Sie sich zum Kauf entschließen. Einige Hersteller bieten auch preiswerte Testsets mit halben Pastellen an. Vergleichen Sie die Qualitäten und üben Sie dann in aller Ruhe zu Hause. Erst wenn Sie mit dem Härtegrad einer Sorte zufrieden sind, sollten Sie sich zum Kauf eines größeren Kastens entschließen.

Holzgefaßte Pastellstifte

Mit den üblichen, etwas unhandlichen Pastellkreiden erscheint das Anlegen von Details schwierig und mühevoll. Zu diesem Zweck wurden holzgefaßte Pastellkreidestifte entwickelt. Sie vereinen die Vorzüge von Pastellkreide und die praktischen Eigenschaften eines Stiftes. Mit ihnen lassen sich sehr feine Linien ziehen, aber auch locker gestaltete Flächen verwirklichen. Durch das reichhaltige Farbtonangebot sind sie nicht nur eine Ergänzung zu den üblichen Pastellkreiden. Sie lassen sich auch für eigenständige kleine Bilder oder Skizzen verwenden.

Ähnlich wie bei einem Buntstift wird das Pigment in eine Holzfassung eingebracht. So läßt sich der Stift sehr fein anspitzen, was bei einer Pastellkreide kaum gelingt. Dies macht die Stifte geradezu Ideal für das Malen von Details und kleineren Werken. Da die Minen leicht brüchig werden, muß man sie vor Erschütterungen und Feuchtigkeit schützen.

Bei allen Marken dunkeln die hellen Töne und das Weiß durch das Fixieren mehr oder minder stark nach. Aus diesem Grund sollten die Farben äußerst sparsam mit Fixativ behandelt werden. Die verschiedenen Sorten bieten unterschiedliche Anwendungsmöglichkeiten, die der Anfänger berücksichtigen sollte.

Die wohl bekannteste und gebräuchlichste Marke ist „Carb Othello" von Schwan Stabilo. Es gibt sie in 80 Farbtönen. Die Minen sind sehr weich und können daher beim Anspitzen leicht brechen. Wohl auch aus diesem Grund bietet der Hersteller einen speziell entwickelten Anspitzer an.

Aus England stammen die „Rexel Derwent Pastell Pencils". Sie sind mittelweich und enthalten leuchtende Pigmente. Es gibt sie in 90 verschiedenen Farbtönen. Sie geben ihre Farbe gleichmäßig an den Malgrund ab. Die Farbtöne sind identisch mit den Pastellkreiden dieses Herstellers.

Aus Holland kommen die Pastellstifte von „Brynzeel". Sie besitzen brillante Farben und werden in 45 verschiedenen Tönen angeboten. Die Pastellmine ist mittelweich, kann ohne Probleme angespitzt werden und gibt die Farbe gut an den Malgrund ab.

Die Pastellstifte von der Firma „Koh - i - noor" aus Österreich besitzen ebenfalls eine mittelweiche Pastellmine. Durch ihre gute Verarbeitung lassen sie sich sehr leicht anspitzen. Die 48 verschiedenen Farbtöne sind leuchtend und identisch mit den „Creta Color"-Pastellkreiden.

„Conté à Paris"-Pastellstifte werden seit Jahrzehnten in Frankreich gefertigt. Sie besitzen eine deutlich dickere Mine als die Stifte ihrer Mitkonkurrenten. Durch die härtere Pressung lassen sie sich sehr leicht anspitzen. Für Untermalungen und eigenständige Arbeiten sind sie ideal. Auf weichen Papiersorten ist Vorsicht geboten, da die harten Farbminen die Oberfläche zerstören können. Die angebotenen Farbtöne sind identisch mit dem übrigen Pastell-Programm von „Conté à Paris".

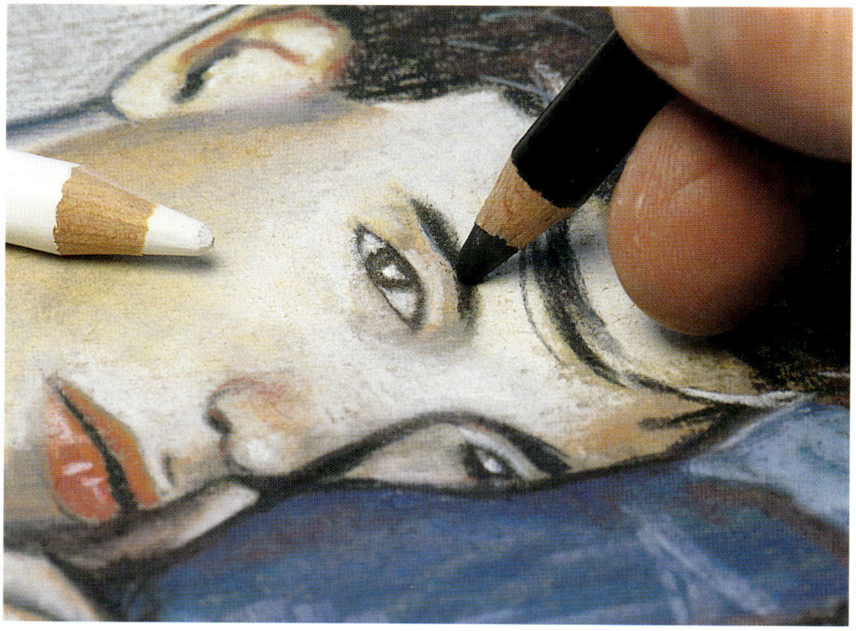

Mit holzgefaßten Pastellstiften lassen sich detailgetreue Bilder herstellen. Besonders bei kleinformatigen Motiven und Porträts können sie Pastellkreiden ersetzen. Durch die reichhaltige Farbauswahl und ihre besonderen Eigenschaften sind holzgefaßte Pastellstifte eine ideale Ergänzung zu weichen Pastellkreiden.

Holzgefaßte Pastellstifte gibt es in vielen verschiedenen Ausführungen und unterschiedlichen Farbtönen zu kaufen. Besonders empfehlenswert sind solche Hersteller, deren Produkte in der Farbauswahl untereinander harmonieren.

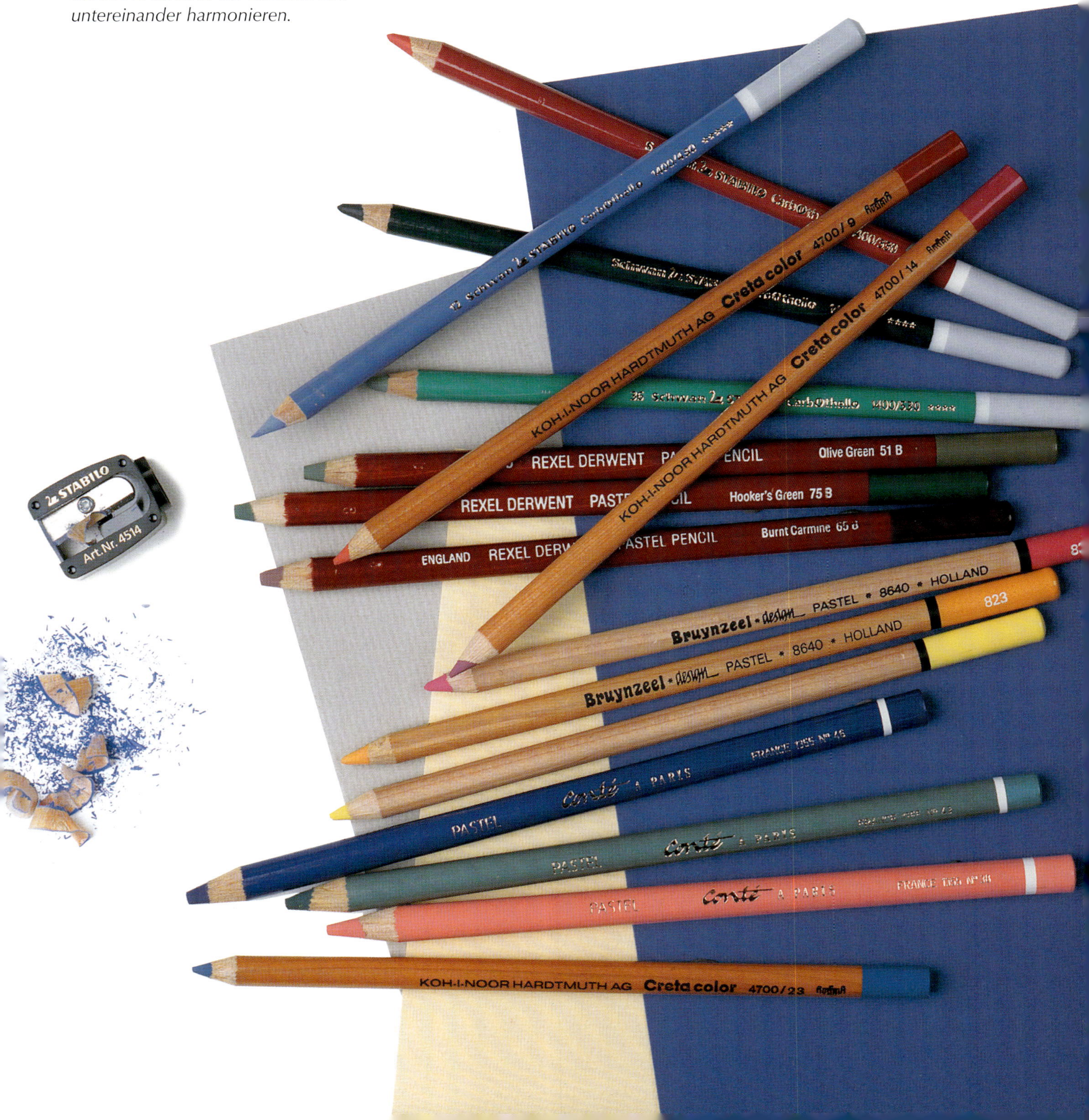

Das Papier

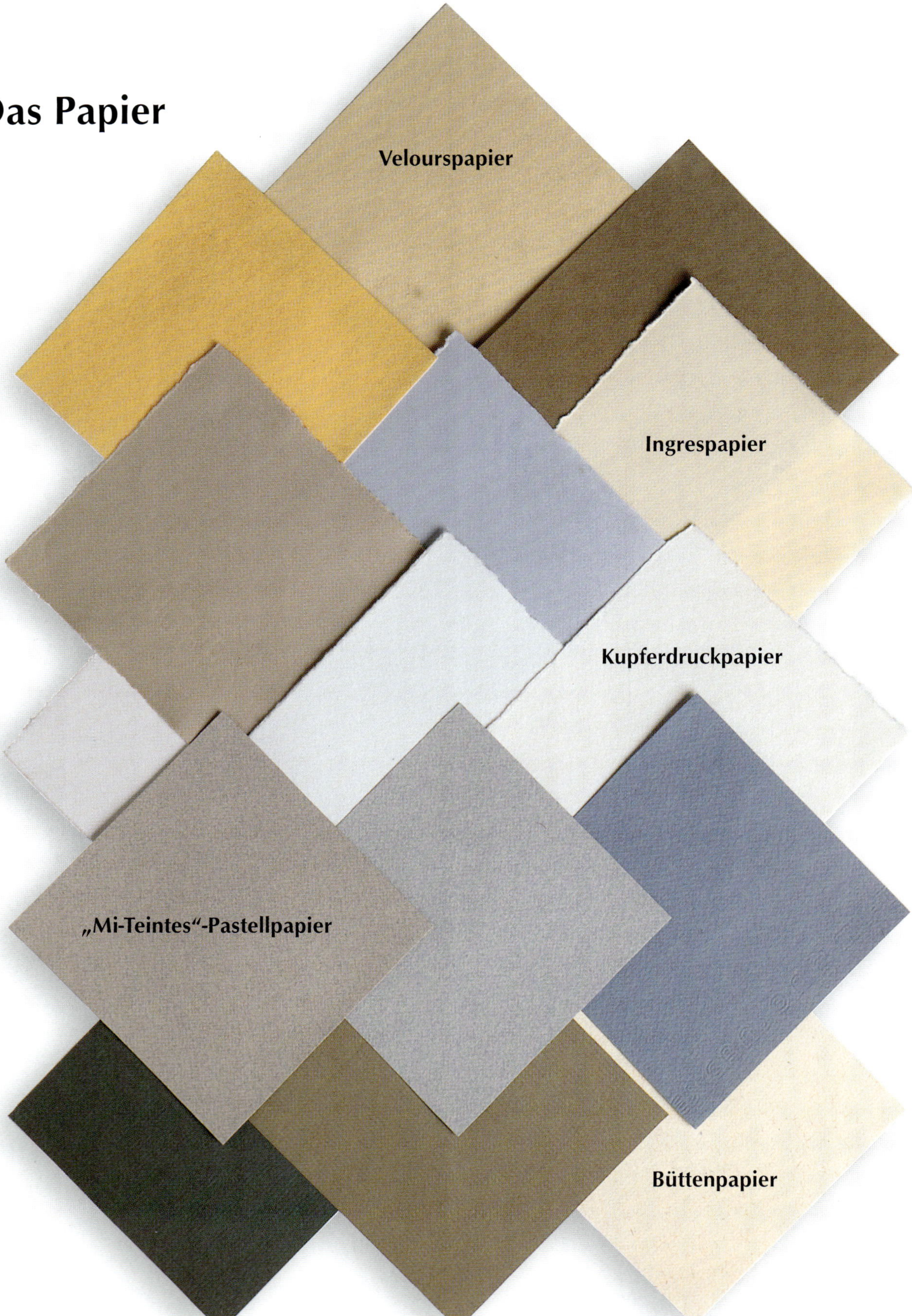
Velourspapier
Ingrespapier
Kupferdruckpapier
„Mi-Teintes“-Pastellpapier
Büttenpapier

Der richtige Malgrund

Der Streit, welcher Malgrund für die Pastellmalerei der richtige ist, ist so alt wie die Technik selbst.
Am Anfang benutzten die Pastellmaler angerautes Pergament; dann, in der Blütezeit der Pastellmalerei, im Rokoko, wurde angerautes und besonders behandeltes Leder verwendet. Später im 19. Jahrhundert malte man auf speziell mit Hautleim behandelten und mit Kreide grundierten Leinwänden. Einige Pastellmaler arbeiteten sogar auf speziell grundierten Holzplatten. Erst in unserem Jahrhundert fing man damit an, Pastellzeichnungen auf Papier zu malen. Gute Pastellkünstler haben ihre Bilder in weiser Voraussicht auf säurefreiem und alterungsbeständigem Papier gemalt. Die meisten Künstler gaben ihr Geheimnis, welches Papier sie verwendeten und wie sie es haltbar machten, nie preis, und so gibt es heute kaum Anhaltspunke, auf die man zurückgreifen kann.

Das Papierangebot des Handels ist groß. Aber nicht alle angebotenen Papiere sind von guter Qualität und uneingeschränkt zu empfehlen. Da Pastellfarben in der Regel trocken aufgetragen werden, muß man eine Papieroberfläche wählen, die grob und rauh ist. Nur so ist gewährleistet, daß die Pigmente darauf haften. Trägt man Pastellkreide auf einem glatten unbeschichteten Papier auf, fällt das Pigment einfach als Pulver wieder ab. Die falsche Papierwahl kann also zu enttäuschenden Ergebnissen führen.

Matte und rauhe Papiere

Man unterscheidet bei Pastellpapieren glatte und rauhe Oberflächen. Glatte Oberflächen sind weniger körnig und die Pastellfarbe reibt sich nur minimal ab. Die Pigmente liegen gleichmäßiger auf der Papieroberfläche verteilt und werden sehr schnell zu einer dicken pastosen Farbschicht angereichert. Trägt man die Farbe zu stark auf, wird ein weiteres Übermalen und Verwischen unmöglich. Glattes Papier eignet sich am besten für Bilder, die exakt durchgezeichnet sein müssen und klare Linien und Details verlangen.

Rauhe Papieroberflächen weisen in der Regel erkennbare Erhöhungen und Vertiefungen auf. Das Pigment reibt sich darauf stärker ab. Aufgrund dieser Struktur muß man mehrere Farbschichten auftragen, bevor man eine gleichmäßige Fläche erhält. Vermeiden sollte man in jedem Fall dünne Papiersorten. Diese reißen beim Auftragen und Verwischen von harten Pastellen leicht ein.

Geeignete Papiersorten

Nur zwei Papiersorten kann man ohne zusätzliche Oberflächenbehandlung für die Pastellmalerei benutzen. An erster Stelle steht hier das „Velourspapier", das in verschiedenen Qualitäten angeboten wird. Man kann es in Blocks mit verschiedenen Farbsortierungen oder als Bogenware von 400g/qm kaufen. Velourspapier hat eine samtige Oberfläche und wurde in erster Linie für weiche Pastelle entwickelt. Harte Kreiden zerstören die Oberfläche. Es werden irreparable Kratzer sichtbar. Das Papier nimmt in seiner Oberfläche sehr viel Pigment auf, wodurch das Motiv eine kräftige Farbgebung erhält. Ebenfalls ohne Vorbehandlung zu benutzen ist das französische Pastellmalpapier „Mi-Teintes" von Canson. Es ist wohl das meistbenutzte Pastellpapier der Welt. Entwickelt wurde es Mitte des 19. Jahrhunderts und ist in 51 verschiedenen Farbtönen erhältlich. Das Papier ist säurefrei und hat eine charakteristische Oberflächenstruktur. Die wabenartig ausgeprägte Oberfläche gibt jeder Pastellzeichnung einen besonderen Reiz. Das Papier ist außerordentlich lichtbeständig, da es in der gesamten Masse eingefärbt wird. Es ist sehr widerstandsfähig und läßt sich problemlos mit harten und weichen Pastellen bemalen sowie für verschiedene Mischtechniken verwenden.

Die im folgenden aufgezählten Papiersorten können zwar ohne Zusatzbehandlung verwendet werden, dennoch empfielt es sich für ein sauberes Arbeiten, die Oberfläche widerstandsfähiger zu machen. In der Regel reicht ein einmaliges Überstreichen mit einer verdünnten Acryl-Gesso-Grundierung völlig aus. Der Malgrund wird auf diese Weise dauerhaft versiegelt und kann für die meisten Pastelltechniken verwendet werden.

Zwar wurden Kupferdruckpapiere in erster Linie für verschiedene Drucktechniken entwickelt, doch sie können auch in der Pastellmalerei Verwendung finden. Sie werden in unterschiedlichen Qualitäten angeboten. In der Regel sind sie säurefrei. Es gibt sie mit verschiedenen Oberflächen und in diversen Stärken zu kaufen. Kupferdruckpapiere haben eine milchige Farbe und je nach Sorte eine glatte oder körnige Oberflächenstruktur. Sie eignen sich für feine Verwischtechniken und das Untermalen mit wasserverdünnbaren Farben.

Geeignete Papiersorten

Für Untermalungen mit verschiedenen Naßtechniken sind auch Bütten-Aquarellpapiere geeignet. In erster Linie für Aquarelltechniken entwickelt, sind sie auch für die Pastellmalerei zu verwenden. Sie sind säurefrei, alterungsbeständig und in unterschiedlichen Stärken und Oberflächenstrukturen erhältlich. Je fester und dicker so ein Papier ist, desto besser läßt sich damit arbeiten. Für die Pastellmalerei sollte es mindestens eine Blattstärke von 200 g/qm besitzen. Besonders schöne Effekte lassen sich in Verbindung mit Naßtechniken (Aquarell- und Acrylfarbe) erzielen. Da viele Büttenpapiere eine besonders grobe und rauhe Oberflächenstruktur besitzen, haften die Pastellpigmente darauf besonders gut.

Einige Hersteller empfehlen für die Pastellmalerei auch „Ingrespapier". Leider ist dieses Papier mit 80–100 g/qm sehr dünn und durch starkes Verreiben mit „Estompen" (= Papierwischer) kann es zu Rissen oder Ausfransungen auf der Oberfläche kommen. Ingrespapiere sind zwar säurefrei und alterungsbeständig, besitzen aber eine länglich genarbte Oberfläche. Diese zeichnet sich im Motiv wieder und kann den Bildcharakter beeinflussen oder sogar zerstören. Dieses Papier sollte deshalb nur von geübten Pastellmalern verwendet werden.

Natürlich lassen sich auch andere Papiersorten für die Pastellmalerei benutzen. So kann man Pack- oder Natronpapier, Grafikkarton, Passepartoutkarton oder Skizzenpapier verwenden. Die Ergebnisse fallen je nach Technik und Können des Pastellmalers unterschiedlich aus.

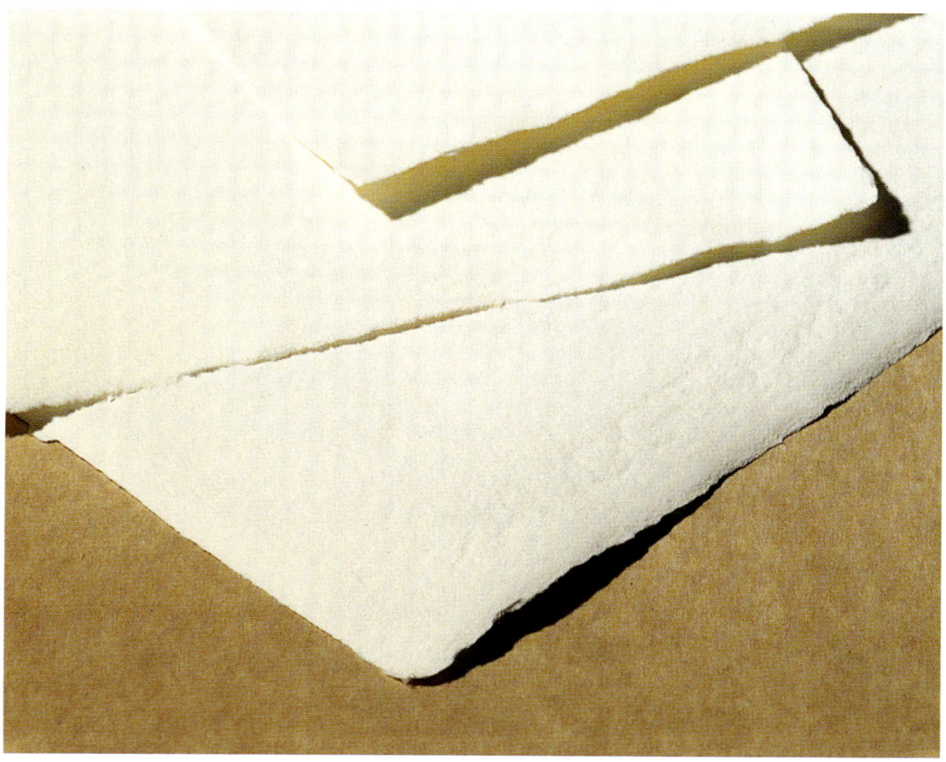

Besonders schöne Effekte lassen sich mit Bütten-Aquarellpapieren erzielen. Allerdings sollte man darauf achten, daß harte Pastelle die weiche Oberfläche nicht verletzen. Damit die Papieroberfläche widerstandsfähiger wird, bestreicht man sie mit einem verdünnten Acryl-Gesso-Grund. Nach dem Trocknen versiegelt die Grundierung die Oberfläche und kann so mit allen Pastellfarben übermalt werden.

Papier vorbehandeln

In jedem Fall sollten die meisten Papiere entsprechend vorbehandelt werden, sofern sie nicht für die Pastellmalerei entwickelt wurden. Die einfachste Art, Papier für die Pastellmalerei vorzubereiten, ist die Grundierung mit einem verdünnten Acryl-Gesso-Halbkreidegrund. Er ist aus der Ölmalerei bekannt und verhindert das Ausfransen der Papieroberfläche. Durch die Kreide wird das Pigment leicht aufgenommen und haftet auch ohne ständiges Fixieren auf der Oberfläche.

Die Grundierung

Eine weitere, aber aufwendigere Möglichkeit, Papier zu behandeln, ist das Auftragen von Marmorstaub. Man kann ihn auf die noch feuchte Acryl-Grundierung streuen oder mit der Grundierung vermischt auftragen. Als Ausgangsbasis für solch einen Untergrund kann man preisgünstige Aquarellpapiere benutzen. Sie sind relativ unempfindlich gegen Feuchtigkeitseinwirkung und verziehen sich deshalb kaum.

Die Grundierung wird wie folgt angemischt: In einem Gefäß werden 500 ml Acryl-Gesso Halbkreidegrund und 200 ml feiner weißer Marmorstaub zusammengeschüttet und gut verrührt. Nach dem Vermischen die cremige Konsistenz mit 200 ml Wasser verdünnen. Diese Mischung streicht man auf das Papier. Je nach verwendetem Pinsel erhält man eine feine oder rauhe Oberfläche. Schaumstoffpinsel ergeben eine feine Körnung. Schaumstoffroller erzeugen eine matte, rauhe Oberfläche. Durch Zugabe von Acryl- oder Gouachefarbe erhält man ein farbig getöntes Papier. Grobkörnig strukturierte Oberflächen lassen sich mit Sandpapier glattschleifen.

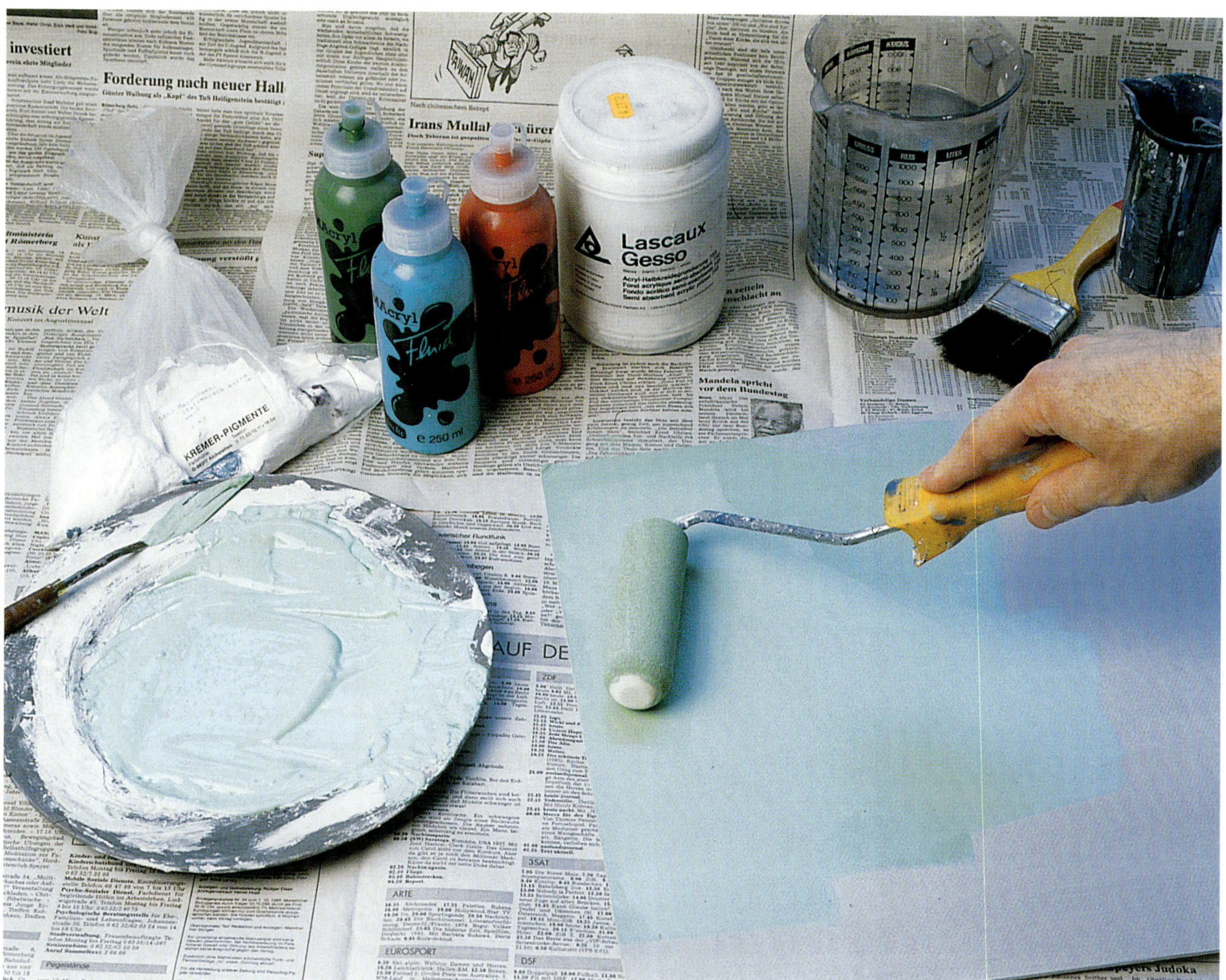

Hilfsmittel

Da die Pastellmalerei eine sehr unmittelbare und direkte Maltechnik ist, benötigt der Künstler kaum Hilfsmittel. Dennoch sollte man je nach Technik einige Hilfsmittel und ihre Einsatzmöglichkeiten kennen, damit bei Bedarf darauf zurückgegriffen werden kann.

Fixative

An erster Stelle ist hier das Fixativ zu nennen. Mittlerweile werden die unterschiedlichsten Zusammensetzungen für Pastellkreiden angeboten. Leider kann man nicht jedes beliebige Fixativ für alle Farben verwenden. In der Regel enthalten Fixative chemische Zusätze und Verdünnungsmittel. Der Anfänger sollte sich auf die im Handel angebotenen Sprühdosen verlassen und die Fixativspritze oder Zersteuberflasche meiden.

Ich kann in meinen Kursen immer wieder beoachten, daß der Freizeitkünstler mit diesen Gerätschaften keine brauchbaren Ergebnisse erzielt.

Von eigenen Mischungen oder der Verwendung von Haarspray ist dringend abzuraten. Die Farbe dunkelt nicht nur extrem stark nach, sondern verliert durch die im Spray enthaltenen chemischen Zusätze auch ihre Leuchtkraft. Haarspray verklebt außerdem auch den weiteren Pigmentauftrag.

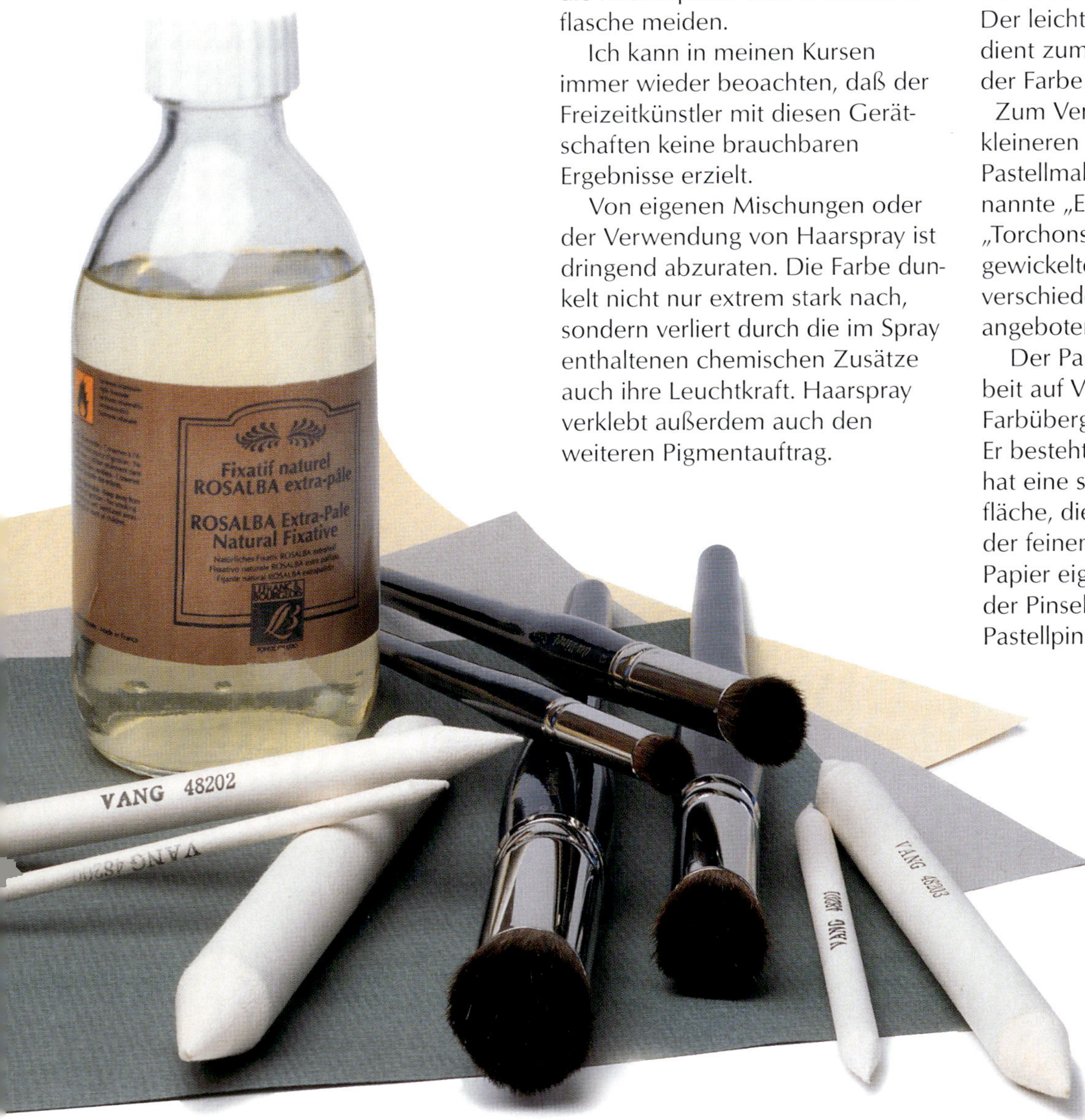

Das in Frankreich von der Firma Lefranc & Bourgeois aus natürlichen Rohstoffen hergestellte Fixativ „Rosalba extrahell" kann zwar nur mit der Spritzpistole sauber aufgetragen werden, verändert die Farben aber am wenigsten. Die Leuchtkraft von hellen und weißen Tönen bleibt zum größten Teil erhalten.

Weitere Hilfsmittel

Unverzichtbar ist ein Knetgummi. Der leicht verformbare Kautschuk dient zum Reinigen und Entfernen der Farbe auf der Papieroberfläche.

Zum Verwischen von Details und kleineren Bildteilen benötigt der Pastellmaler Papierwischer sogenannte „Estompen" oder „Torchons". Sie bestehen aus gewickeltem Papier und werden in verschiedenen Größen und Stärken angeboten.

Der Pastellpinsel ist für die Arbeit auf Velourspapier und für feine Farbübergänge unverzichtbar. Er besteht aus Ponnyhaaren und hat eine stumpf gearbeitete Malfläche, die sich ideal zum Verreiben der feinen Pigmentpartikel in das Papier eignet. Zur Zeit bietet nur der Pinselhersteller Da Vinci echte Pastellpinsel an.

Das richtige Einsteiger-Set

Gerade für das einwandfreie Arbeiten mit Pastell ist die richtige Materialauswahl von besonderer Bedeutung.

Für den Anfang reichen vorsortierte Kästen mit 24 oder 50 verschiedenen Farbtönen. Die meisten Hersteller haben preiswerte „Anfängersets" zusammengestellt, in denen 15 ganze oder 30 halbe Pastelle enthalten sind. Bei Bedarf kann man später immer noch einzelne Farbtöne nachkaufen. Wenn man sich intensiv mit der Technik beschäftigt, wird man schon sehr bald merken, daß bestimmte Farbtöne häufiger benutzt werden und andere kaum vorkommen. Deshalb ist es lohnenswert, sich mit der Zeit eine eigene Farbpalette zusammenzustellen.

Damit Sie erfolgreich mit der Pastelltechnik umgehen und die in diesem Buch vorgestellten Schritt-für-Schritt-Anleitungen erlernen können, habe ich ein relativ preiswertes Materialsortiment zusammengestellt, mit dem Sie beginnen können. Sie benötigen dazu eine Auswahl weicher Pastelle. Folgende Farbtöne sollten enthalten sein: Weiß, Schwarz, Echtgelb mittel, Orange, Permanentrot, Krapplack mittel, Krapprosa hell, Violett hell, Fleischocker hell, Gebr. Siena, Englischrot, Maigrün, Olivgrün, Grün bläulich, Ultramarin blau dunkel, Kobaltblau mittel, Graublau mittel. Dazu ein Grundsortiment, wie es im Handel angeboten wird, mit 12 harten Kreiden für die Untermalung und 12 holzgefaßten Stiften für die Details und Skizzen.

Empfehlenswert sind 2 bis 3 Papierwischer, sogenannte „Estompen" in verschiedenen Größen sowie ein Knetgummi, ein Anspitzer für die Pastellstifte und eine Spraydose Fixativ.

Da aller Anfang schwer ist, sollte man sich bei der Papierauswahl auf ein bewährtes Pastellpapier beschränken. „Mi-Teintes" ist solch ein gutes Papier, das überall im Handel erhältlich ist. Ein Sortiment mit 12 verschiedenen Farbtönen läßt Ihrer Phantasie freien Lauf.

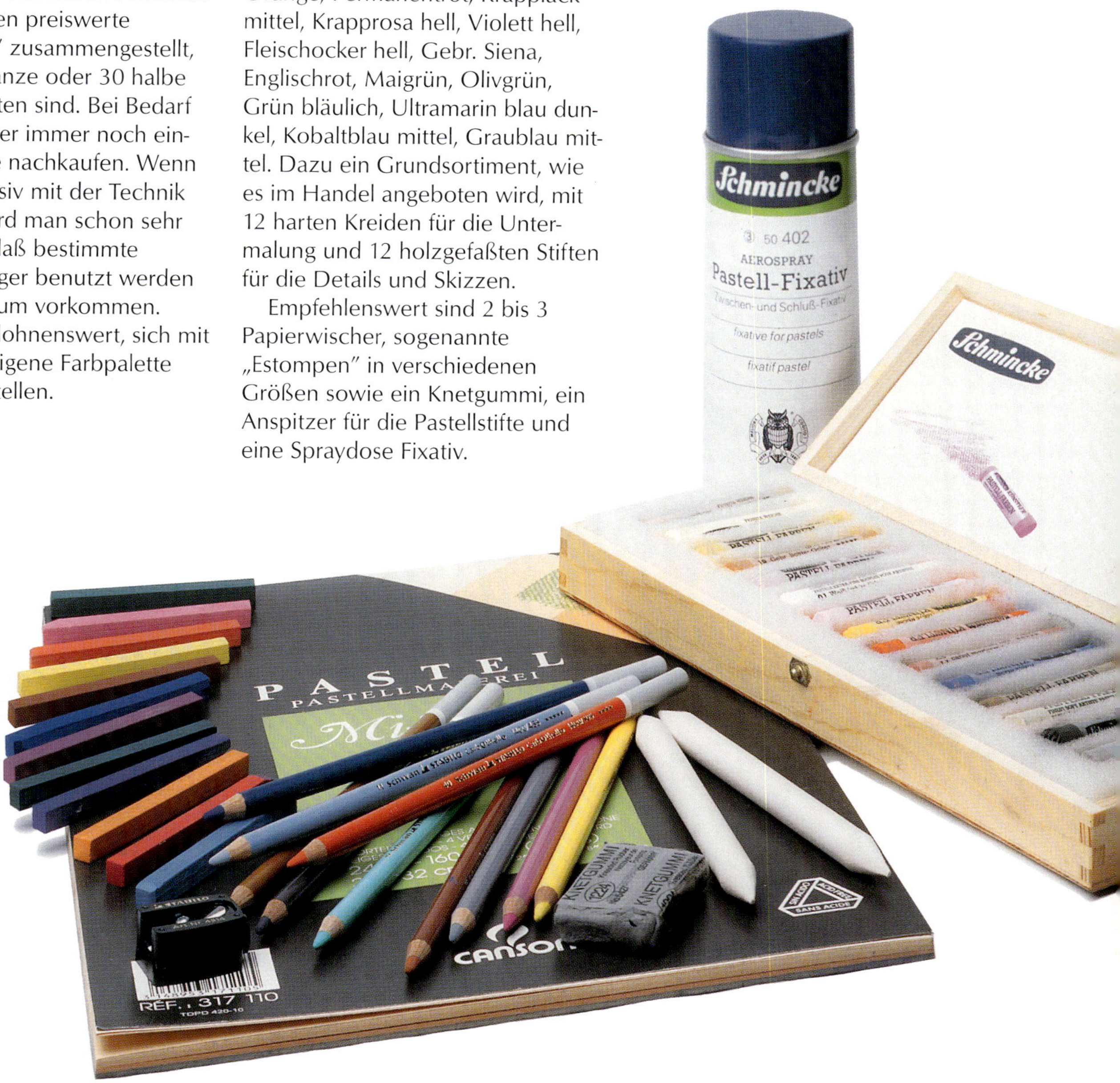

Die Lagerung der Pastellfarbe

Die besondere Empfindlichkeit des Materials bedarf einiger Vorsichtsmaßnahmen. Besonders weiche Pastellkreiden besitzen die Eigenschaft, sehr leicht zu brechen. Kreiden, die längere Zeit falsch gelagert wurden, zerfallen regelrecht. Lagern Sie die Kreiden deshalb an einem trockenen, staubfreien Ort. Feuchtigkeit schadet ihnen und macht sie brüchig. Die Bruchstücke muß man jedoch nicht wegwerfen. Zum Verwischen der Farbtöne sind sie immer noch geeignet.

Beim Benutzen können die verschiedenen Farbtöne durch andere Pastellpigmente verschmutzt werden. Entfernt man diese Farbreste nicht, werden Sie beim Malen auf das Bild übertragen. Solche Verunreinigungen sind nicht nur unschön anzusehen, sondern können bei einigen Farbtönen vom Maluntergrund oder bereits aufgetragener Farbe auch nicht wieder entfernt werden. Deshalb muß man während der Arbeit den Pigmentstaub auf dem Pastellstift sofort mit einem Tuch entfernen.

Wer mit losen Pastellen, also ohne Kasten arbeitet, sollte darauf achten, daß er die verschiedenen Farbtöne nicht zusammen aufbewahrt. Der Farbstaub kann sich vermischen und die Kreiden werden schmutzig.

Pastellkreiden, die länger in Gebrauch sind, säubert man am besten, indem man sie in eine Schüssel mit Reis legt. Durch vorsichtiges Schütteln reibt sich die verschmutzte Oberfläche wieder sauber.

Der Pastellmaler sollte zwischen den verschiedenen Arbeitsschritten seine Hände immer wieder gründlich reinigen. Dies gilt besonders, wenn er mit der Verwischtechnik arbeitet. Beim Reinigen der Hände können feuchte Reinigungstücher gute Dienste leisten.

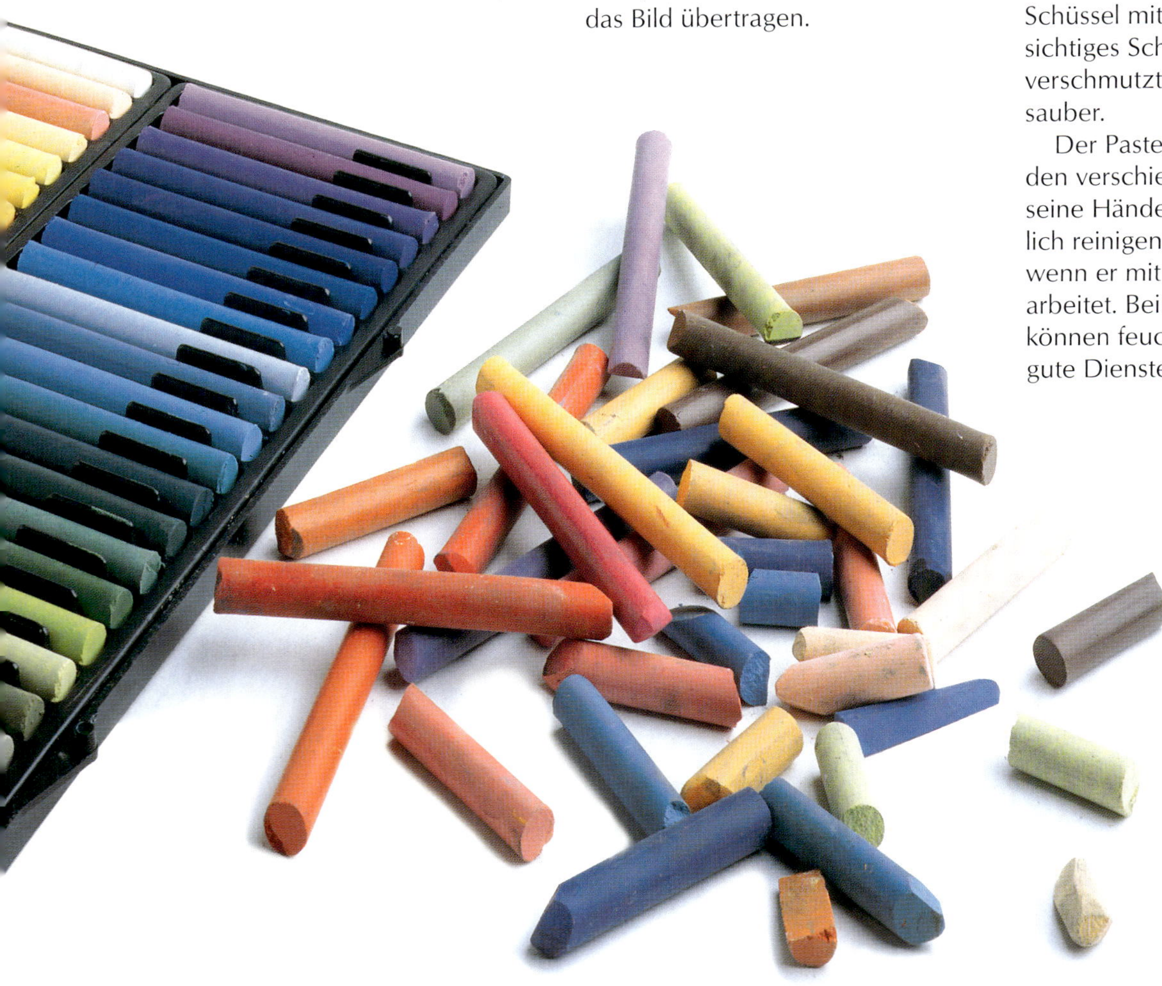

Der richtige Arbeitsplatz

Nachdem Sie Ihre Grundausrüstung gekauft haben, sollten Sie sich den Arbeitsplatz einrichten. Geeignet ist ein heller Fensterplatz nach Norden, da der Lichteinfall den ganzen Tag konstant bleibt. Vermeiden Sie aber wegen der Schlagschatten direkte Sonneneinstrahlung. Wenn Sie mit Kunstlicht arbeiten, sollten Sie die Lichtquelle seitlich von oben anbringen.

Befestigen Sie das Papier mit Klebeband auf einer glatten stabilen Sperrholzplatte. So bleibt es beim Arbeiten in einer stabilen Lage und kann nicht verrutschen. Weiches Papier sollte mit kräftigem Papier unterlegt werden, damit keine Druckstellen auf der Oberfläche entstehen.

Die Arbeitsgeräte und die Farben sollten sich in greifbarer Nähe befinden. Langes Suchen ist nicht nur lästig, sondern verhindert auch ein zügiges Arbeiten. Ein Arbeitstisch, auf dem Sie die Farben positionieren können, ist eine ideale Ablage.

Beim Pastellmalen löst sich von den Farben Pigmentstaub. Ein typischer Anfängerfehler ist, das Bild auf den Tisch zu legen und den überflüssigen Farbstaub wegzupusten. Die Atemluft wird so mit dem feinen Pigmentstaub der Farbe angereichert und eingeatmet. Wenn man dagegen mit einer Staffelei arbeitet oder das Bild an die Wand stellt, wird dies vermieden. Der Farbstaub fällt automatisch auf die Unterlage und kann mit dem Staubsauger entfernt werden So bleibt der Arbeitsplatz sauber.

Schaffen Sie sich in jedem Fall eine ruhige und entspannte Atmosphäre, in der Sie ungehindert kreativ sein können.

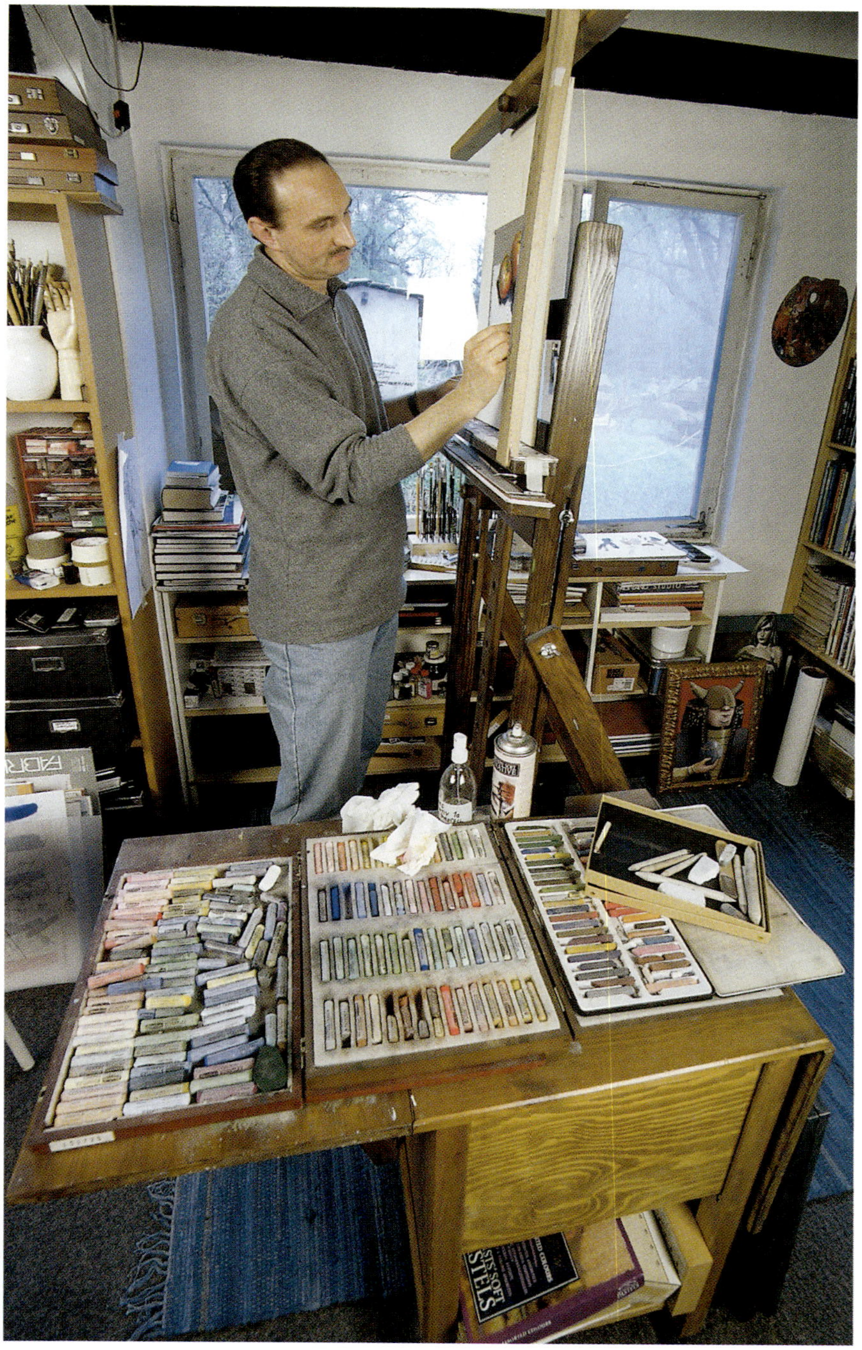

Ein optimaler Arbeitsplatz ist die Staffelei. Die Farben liegen griffbereit auf einem Tisch. Ich bevorzuge es im Stehen zu arbeiten, da ich so das Bild besser im Blick habe und unter Umständen sehr schnell Fehler erkennen und korrigieren kann.

Der Bildaufbau

Von Dunkel nach Hell

Obwohl bei der Pastellmalerei nur wenig zu beachten ist, werden die grundlegenden Dinge immer wieder vergessen. Die meisten Anfänger begehen den Fehler, den Bildaufbau schon von Anfang an farbig anzulegen. Dies hat zur Folge, daß wichtige Bildinformationen in der Komposition verlorengehen.

Viel einfacher ist es, das Bild zunächst mit schwarzer Pastellfarbe vorzuzeichnen. Dabei ist es nicht wichtig, welchen Maluntergrund man verwendet. Auch bei farbigen Untergründen sollte man mit den dunklen Farben beginnen.

Der Farbaufbau von Dunkel nach Hell ermöglicht es, das Motiv schrittweise anzulegen. Von Anfang an läßt sich die Komposition kontrollieren und einschätzen. Fehler können in diesem frühen Stadium problemlos korrigiert werden.

Nachdem die monochrome Zeichnung einwandfrei gelungen ist, beginnt man mit dem Aufbau der Farben von Dunkel nach Hell. Die dunklen Farben trägt man etwas großflächiger auf, als sie in Wirklichkeit sind. Die mittleren Tonwerte werden in die dunklen Partien des Motivs hineingemalt. Die hellen Töne verwischt oder lasiert man über den mittleren. Dies hat zur Folge, daß die mittleren Farbwerte angepaßt werden. Diese Arbeitsweise ist weitaus effektiver, als wenn man die Farbflächen genau bis an ihre Ränder hin ausmalt und dann die Grenzen genau aufeinander abstimmt. Die einzelnen Farbflächen würden voneinander abgegrenzt und das Pastell verliert seine Wirkung.

Das Hinein- und Übereinandermalen der Farben ist also wichtig für die pastelltypische malerische Struktur. Dadurch, daß die dunklen Tonwerte im Bild mit den mittleren und die mittleren mit den hellen, bis hin zum Weiß, übermalt werden, erhält man eine harmonische Farbskala, und die Farben bleiben in ihrer Leuchtkraft erhalten. Baut man den Farbauftrag in umgekehrter Weise auf, gehen die Tonwertabstufungen von den hellsten Bildstellen aus. Die Ränder zwischen den hellen und dunklen Farbtönen verwischen und erscheinen immer zu hell. Trägt man mehr Farbe auf, wird das Pastell schmutzig und die Farben werden blaß und grau. Dies kommt daher, daß sich die helleren Farben, besonders das Weiß, wie nasse Farbe verhalten und sich mit den dunkleren Farben der oberen Schichten vermischen. Das Pastell mit seinen vorgemischten, fein abgestuften Farbtönen ist somit besonders gut zum Herausarbeiten immer hellerer Töne aus den dunklen Partien geeignet.

Von Hart nach Weich

Zu Beginn der eigentlichen Arbeit sollte man eine weitere Eigenschaft der Pastellfarbe bedenken. Weiche Pastelle vermischen sich sehr schnell miteinander. Details sowie kleinere Formate wirken dadurch schnell grob und laienhaft. Harte Pastelle vermischen sich kaum miteinander und lassen zarte Farbabstufungen nicht zu. Deshalb sollte man sich angewöhnen, die erste Bildkomposition mit harten Pastellkreiden zu beginnen und das Bild mit weicher Kreide zu beenden.

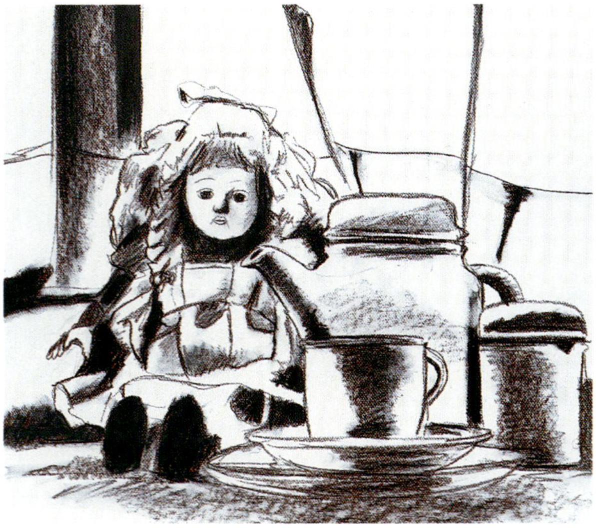

Bildaufbau

Schritt-für-Schritt-Übung

1 Mit einer harten schwarzen Pastellkreide wird das Bild skizziert. Achten Sie darauf, daß möglichst viele Bildpunkte und Details zu erkennen sind. Die Schatten des Motivs werden angedeutet. Die Grenzen zwischen den hellen und dunklen Flächen werden deutlich markiert. Diese monochrome Zeichnung wird fixiert und bildet die Basis für die weiteren Schritte.

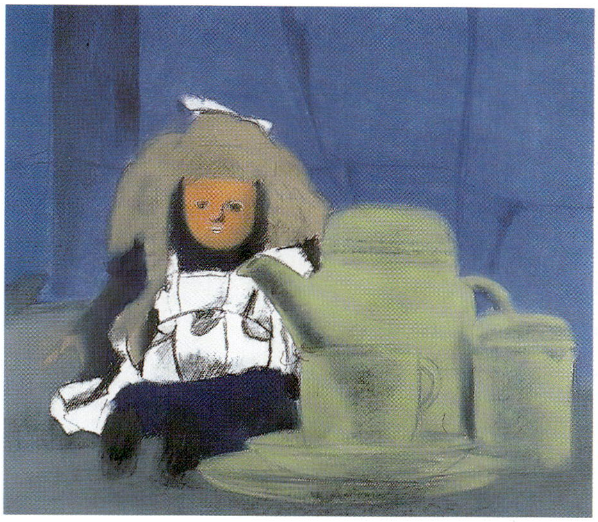

2 Damit die Dunkelwerte des Motivs aufeinander abgestimmt werden können, malt man die Gegenstände mit der Grundfarbe aus und verwischt sie mit dem Finger. In diesem Fall wird das Weiß des Kartons als hellster Bildpunkt verwendet. Bei farbigen Papieren sollte der Papierton mit einer helleren Farbe übermalt werden. Die schwarze Untermalung sollte bei diesem Schritt noch gut zu erkennen sein.

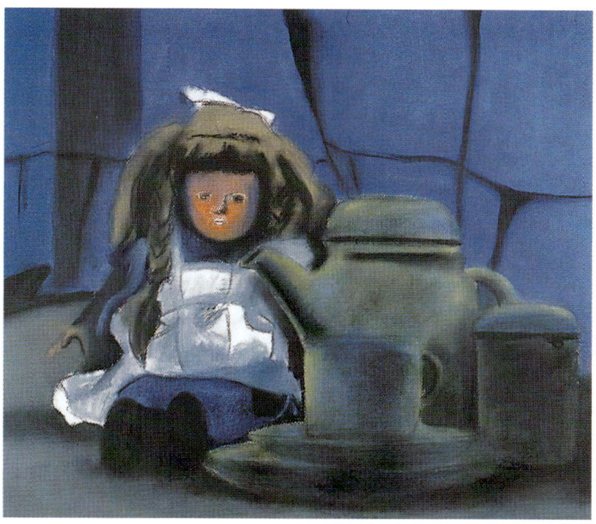

3 Mit warmen und kalten Farben werden die Hell- und Dunkelwerte aufeinander abgestimmt. Die Details sollten grob anskizziert, aber noch nicht endgültig ausgearbeitet werden.

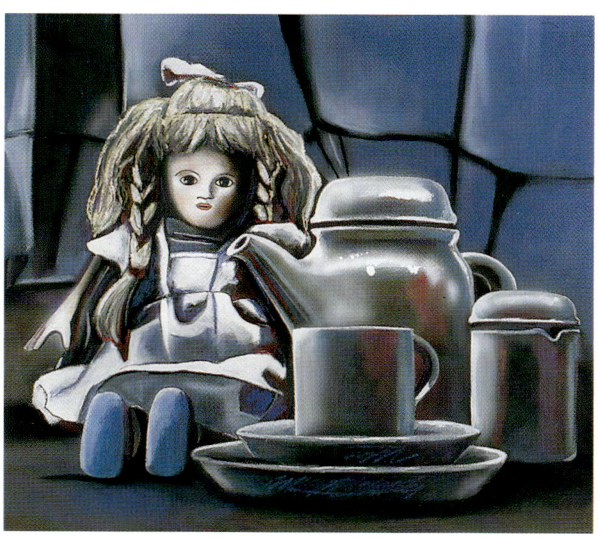

4 Auf die mittleren Farbwerte tragen Sie die hellen Töne auf und setzen mit einer dunklen Farbe oder Schwarz die ersten Details ein. Weiß kommt zum Schluß. Nach diesem Bildaufbau ist die erste Hürde genommen und Sie können mit dem weiteren Bearbeiten des Motivs beginnen. Wie an dem Beispiel zu erkennen ist, wurde das Motiv bis zur Vollendung gründlich überarbeitet.

Der Farbauftrag

Die Lasur

Je nach Härtegrad der verwendeten Kreiden entstehen beim Farbauftrag unterschiedliche Linien und Striche. Die Pastellkreide kann stumpf, frisch angespitzt oder flach sein. Der Strich hängt auch vom Druck des Malers und vom Untergrund ab. Übt man nur leichten Druck aus, werden die Striche unregelmäßig und unterbrochen wiedergegeben. Kräftiger Druck erzeugt harte Linien. Auf einem glatten Untergrund erhält man scharfe, klare Linien und auf einem rauhen körnigen Untergrund gebrochene, unscharfe Linien. Locker geführte Striche geben die Struktur des Untergrundes am deutlichsten wieder

Es gibt zwei Möglichkeiten mit Pastellfarbe zu arbeiten: Das Lasieren und das Verwischen der Farbpigmente. In der Regel wird ein geübter Pastellmaler beide Techniken kombinieren.

Die einfachste Art, Farbe aufzutragen, ist die Lasur. Bei dieser einfachen, aber eindrucksvollen Technik werden malerische und zeichnerische Elemente verbunden.

Bei der Lasur legt man hellere über dunklere Farbtöne. Die Fläche wird dabei nicht vollständig abgedeckt. Die Kreide führt man locker über ein dunkles Papier oder eine dunkle Farbfläche. Diese darf dabei nicht mit den Fingern verwischt werden. Der Strich des Pastells bleibt erhalten.

Glatte Untergründe eignen sich weniger für diese Technik, weil die Oberfläche keine Möglichkeit bietet, das Pigment in der Masse aufzunehmen. Auf rauhem Untergrund bleibt die Farbe dagegen in den Vertiefungen hängen und läßt mehrere Schichten des Farbauftrages zu. Weiche Kreiden sind zum Lasieren wesentlich besser geeignet als harte, da sie die unteren Farbschichten und den Untergrund nicht abschleifen.

Damit Bildpartien lasiert werden können, müssen sie mit Fixativ für das weitere Übermalen isoliert werden. Da der Strich sehr grob und unregelmäßig erscheint, können Details nur angedeutet werden. Der Pastellmaler legt bei der Lasur den Schwerpunkt auf die Wirkung von Licht und Schatten, die durch verschiedene Farbtöne erzielt wird.

Durch die Übereinanderlagerung verschiedener Farbschichten entsteht die Lasur. Sie kann mit allen Pastellsorten hergestellt werden. Am besten eignen sich aber weiche Pastelle für diese Technik. Ohne Zwischenfixierung vermischen sich die Farbschichten untereinander. Mit Fixativ kann man weitere Farbaufträge präparieren. Bei der Lasur sollte man das Verwischen mit den Fingern vermeiden. Die Farbschichten werden dadurch glatt und können weitere Lagen des Pigments nur sehr schwer aufnehmen.

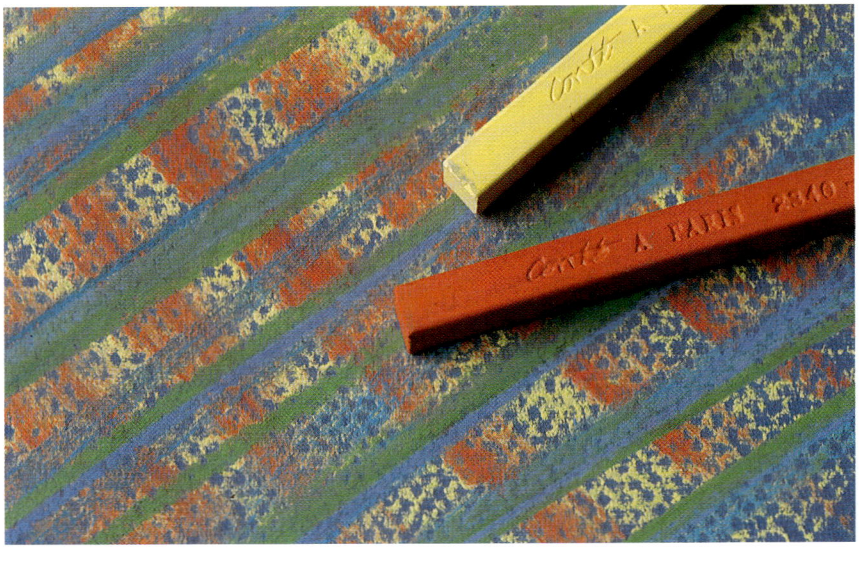

Die Lasur

Schritt-für-Schritt-Übung

Die Farbwirkung dieses kontrastreichen Motives beruht auf dem Hell-Dunkel-Effekt. Das verwendete getönte grüne Papier gibt die aufgetragenen Pastellpigmente kräftig wieder. Das Sonnenlicht fällt in getupften Flecken auf die Blätter und taucht die Szene in einen bunten Farbenreigen. Lichtreflexe werden mit verschiedenen Farben locker und spontan aufgetragen und schaffen ein farbenfrohes und lebendiges Bild. Die Komposition zeigt deutlich den perspektivischen Aufbau der Szene. Der Blick des Betrachters folgt dem Pfad durch den Garten. Das Mädchen steht im Vordergrund und bildet den Blickfang für das Auge. Die Szene wird durch die Schatten, die das Sonnenlicht erzeugt, noch verstärkt.

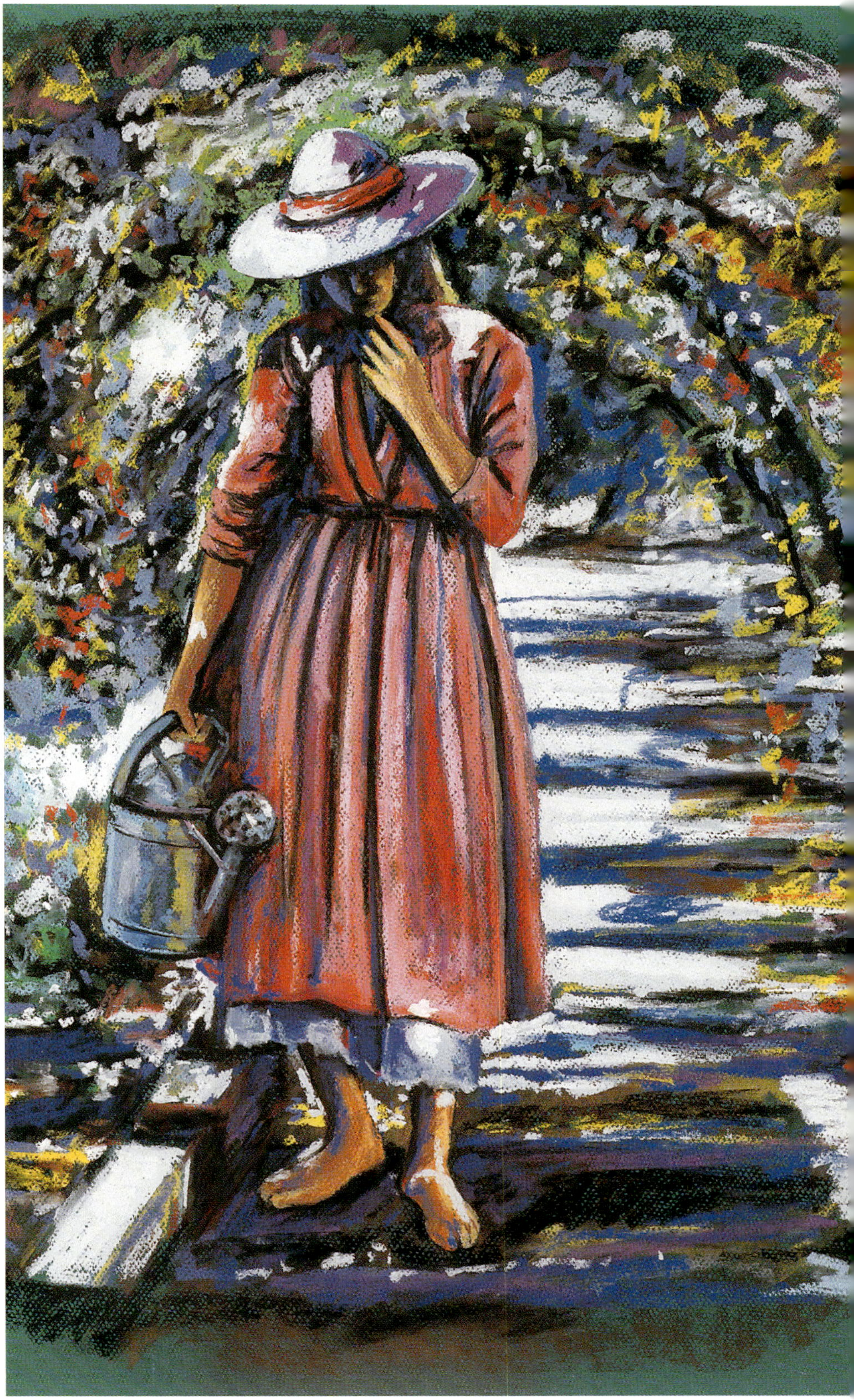

Material

„Mi-Teintes" -Pastellmalpapier von Canson. Weiche Pastellkreiden in den Farben Rot, Blau, Ultramarin hell, Olivgrün, Graugrünlich, Violettrötlich, Gebrannte Siena, Krapprosa hell, Weiß, Schwarz, Gelb und Ocker hell.

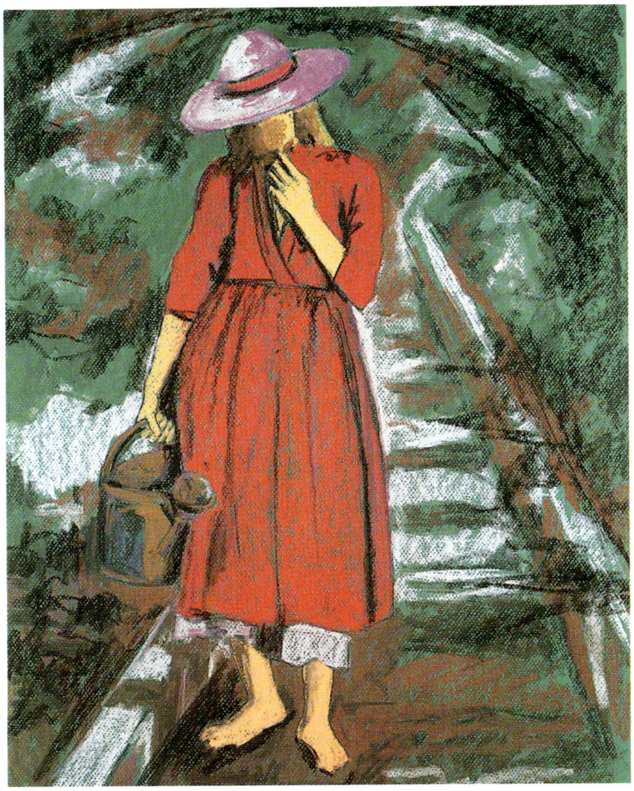

1 Mit warmen und kalten Farbtönen skizzieren Sie das Motiv in lockeren, leicht ausgeführten Strichen auf ein grünes Pastellpapier. Um einen ungefähren Eindruck der Bildgestaltung zu bekommen, benutzen Sie für die erste Skizze am besten einen holzgefaßten Pastellstift. Die Farbflächen malen Sie dann mit mittelweichen Pastellkreiden aus und fixieren die Farbe gründlich.

2 Durch die Festlegung der Tonwerte werden die Schatten-, Mittel- und Helltonflächen mit weichen Pastellen weiter herausgearbeitet. Die Farbe wird in lockeren Strichen grob aufgetragen.

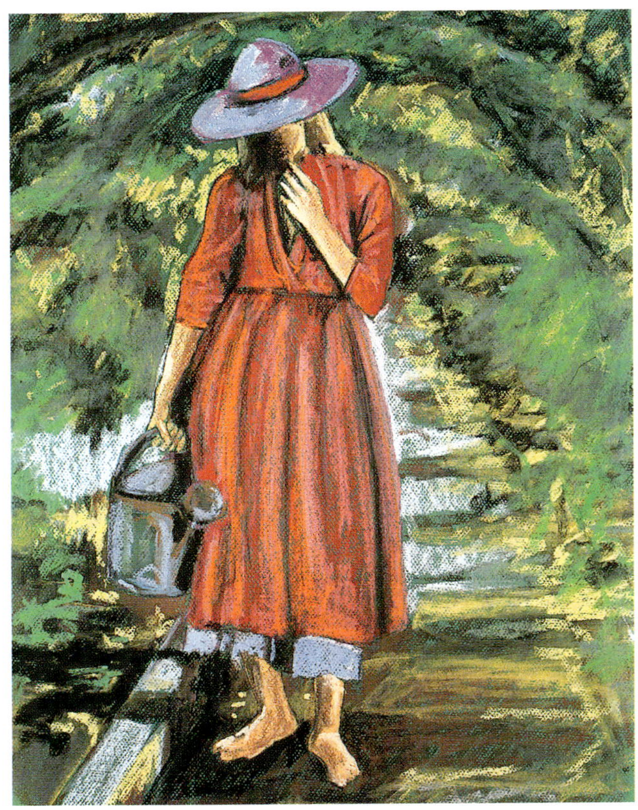

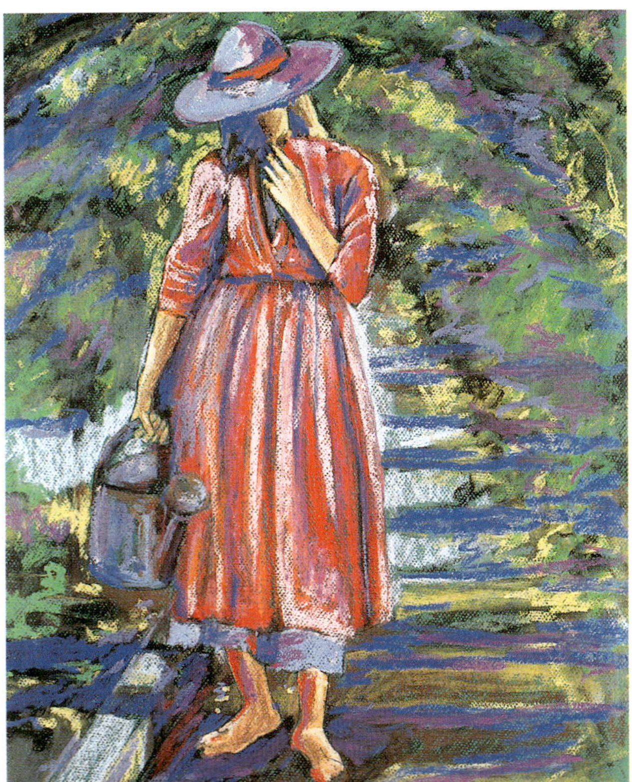

3 Mit verschiedenen Blau- und Violettönen legen Sie die Schatten und Lichtflächen an.

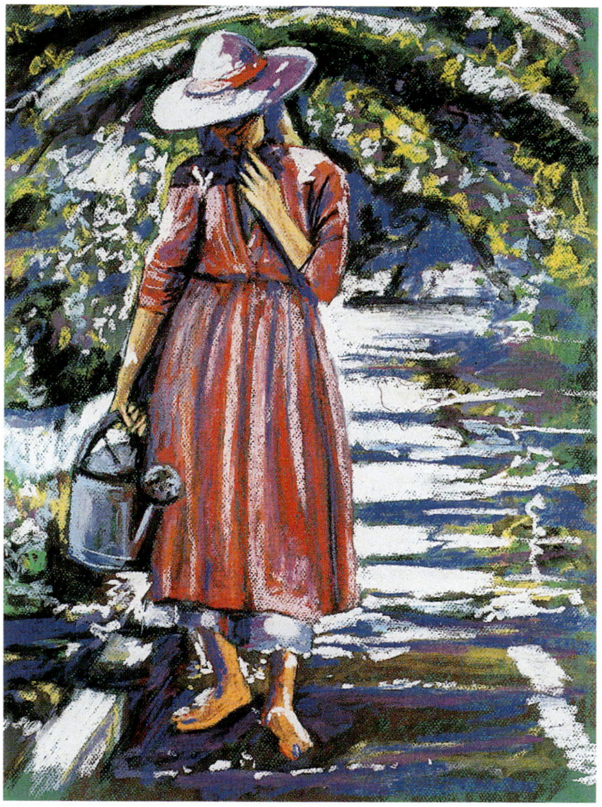

4 Damit das Motiv seine endgültige Plastizität erhält, gestalten Sie die Lichtreflektionen mit weißer Farbe. Um einen Gegenpol zum Weiß zu schaffen, setzen Sie mit Schwarz und Ultramarinblau weitere Schattenpunkte.

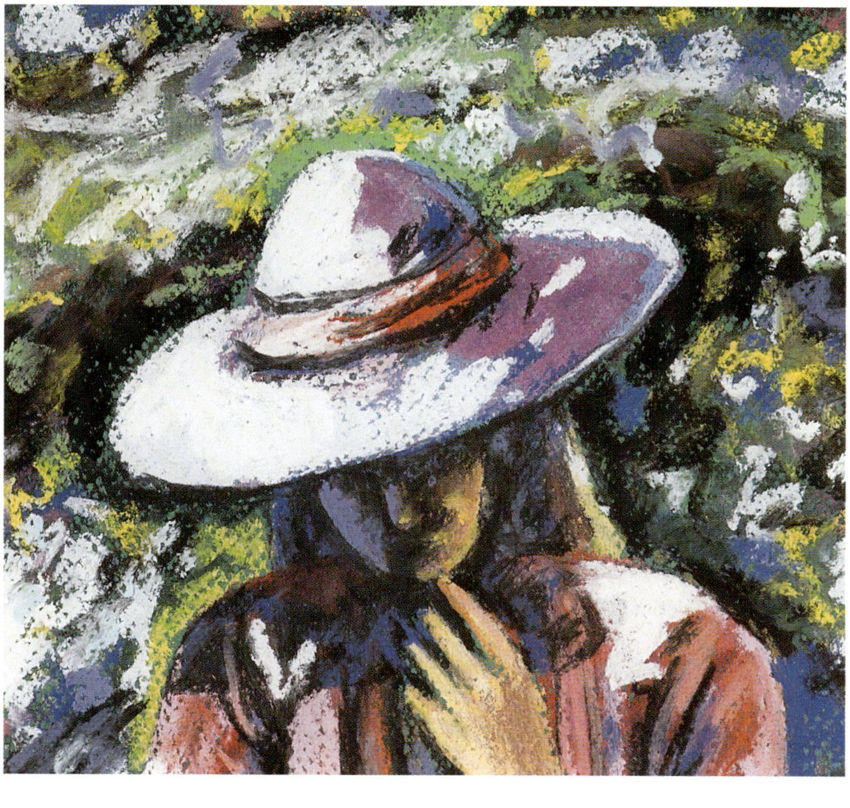

5 Überprüfen Sie das Motiv auf die Tonwerte, Farbigkeit und Anatomie hin. Einige Bildteile können zu hell und andere zu dunkel erscheinen. Aus diesem Grund fixiert und übermalt man diese Stellen erneut mit Farbe. Die Details werden nur angedeutet. Zu erkennen im Gesicht und am Hut des Mädchens.

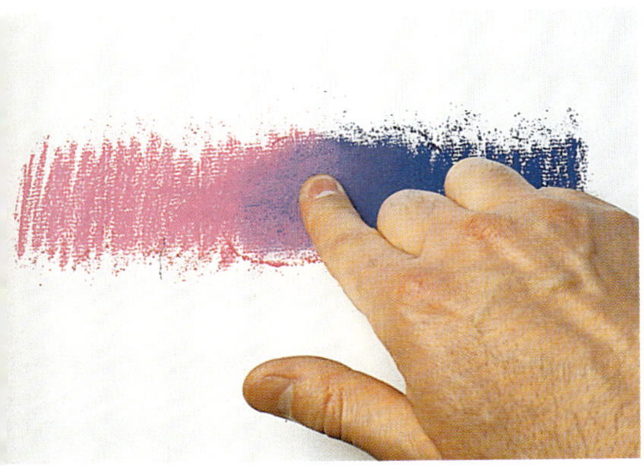

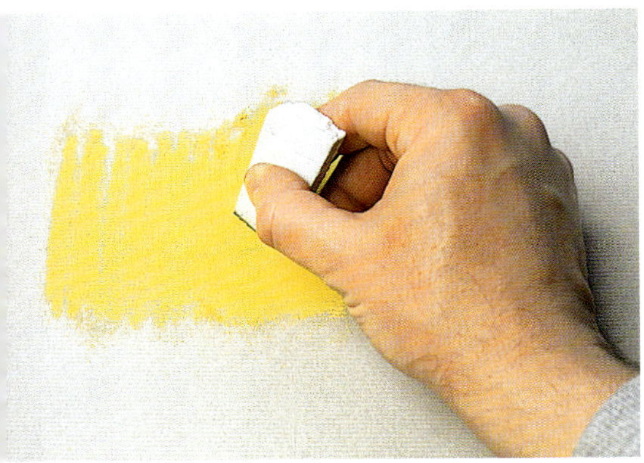

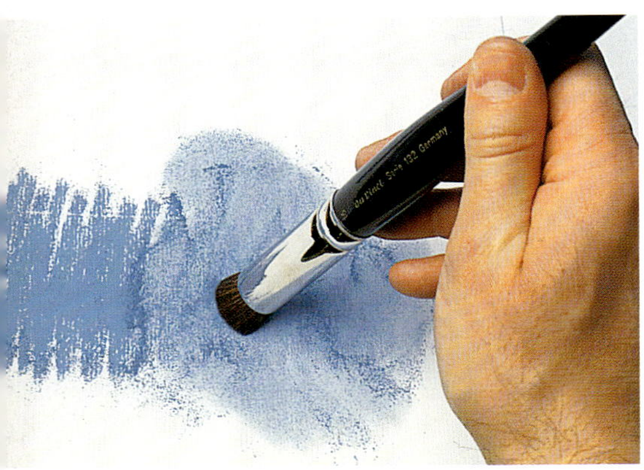

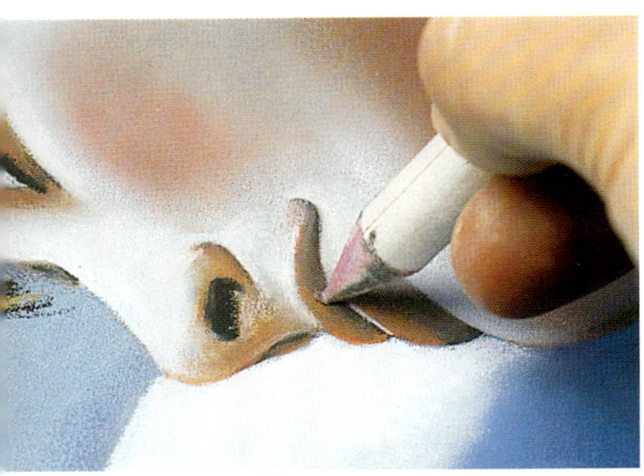

Das Verwischen

Eine andere, ebenso häufig verwendete Art des Farbauftrags ist das Verwischen der Farben mit den Händen oder verschiedenen Hilfsmitteln. Beim Verwischen werden zwei Farbschichten oder Striche ineinandergearbeitet. Je glatter die Oberfläche, desto leichter und gleichmäßiger vermischen sich die Farben. Bei rauhen Papieren muß man beim Verwischen größere Mühe und Druck aufwenden. Weiche Pastelle lassen sich großzügiger verwischen als harte Pastelle. Hat man eine Fläche eimal verwischt, läßt sie sich durch Übermalen und erneutes Verwischen kaum mehr auflockern.

Mit den Fingern kann man die Farbe großflächig verwischen. Die Hände sollten allerdings möglichst trocken und fettfrei sein, weil sonst das Pigment verunreinigt wird, und der Farbauftrag beim weiteren Übermalen leidet.

Vorsicht!

Durch übermäßiges Verwischen wird das Papierkorn übersättigt. Dies kann den weiteren Farbauftrag erschweren. Die Farben verlieren ihren Sättigungsgrad und werden graustichig. Bereits verwischte Stellen sollten deshalb nur zögerlich überarbeitet werden, damit sie nicht gips- oder wachsartig wirken.
Hat man eine Farbe aufgetragen und fixiert, läßt sie sich nur noch schwer verwischen. Darunterliegende Farbschichten können freigelegt werden.

Das Verwischen mit Hilfsmitteln

Es gibt Papierwischer, sogenannte „Estompen", die sehr feine und detaillierte Farbübergänge ermöglichen. Man benutzt sie auch, um kleinste Farbmengen zu verwischen. Sie können allerdings bei falscher Handhabung, z.B. durch zu starken Druck, darunterliegende Farbschichten abschleifen und das Papier glätten. Ein weiterer Farbauftrag ist dann kaum noch möglich. Deshalb sollte man mit „Estompen" sehr vorsichtig umgehen.

Mit zurechtgeschnittenem Styropor kann man die Farbe ebenfalls sehr gut verwischen und feine Übergänge schaffen. Die Verwendung sollte sich allerdings auf den ersten Farbauftrag beschränken, da auch die darunterliegenden Farbschichten beschädigt werden könnten.

Der Pastellpinsel ist das edelste Wischwerkzeug. Mit ihm kann man die feinsten Farbübergänge schaffen. Bei der Verwendung von Velourspapier ist er unerläßlich, da man auf diesem Papier mit den Fingern oder Hilfsmitteln nicht wischen kann.

Verwischtechnik

Schritt-für-Schritt-Übung

Welche Möglichkeiten das Verwischen dem Pastellmaler bietet, zeigt das folgende Beispiel. Gesichter sind ein ideales Motiv für die Verwischtechnik. Die zarten Hauttöne des menschlichen Körpers lassen sich kaum besser darstellen. Ausgangspunkt für diese leicht nachvollziehbare Arbeit ist eine Skizze auf einem „Mi-Teintes"-Pastellpapier. Zum Verwischen der harten Pastelle dienen die Finger. Das Pigment wird nur leicht fixiert.

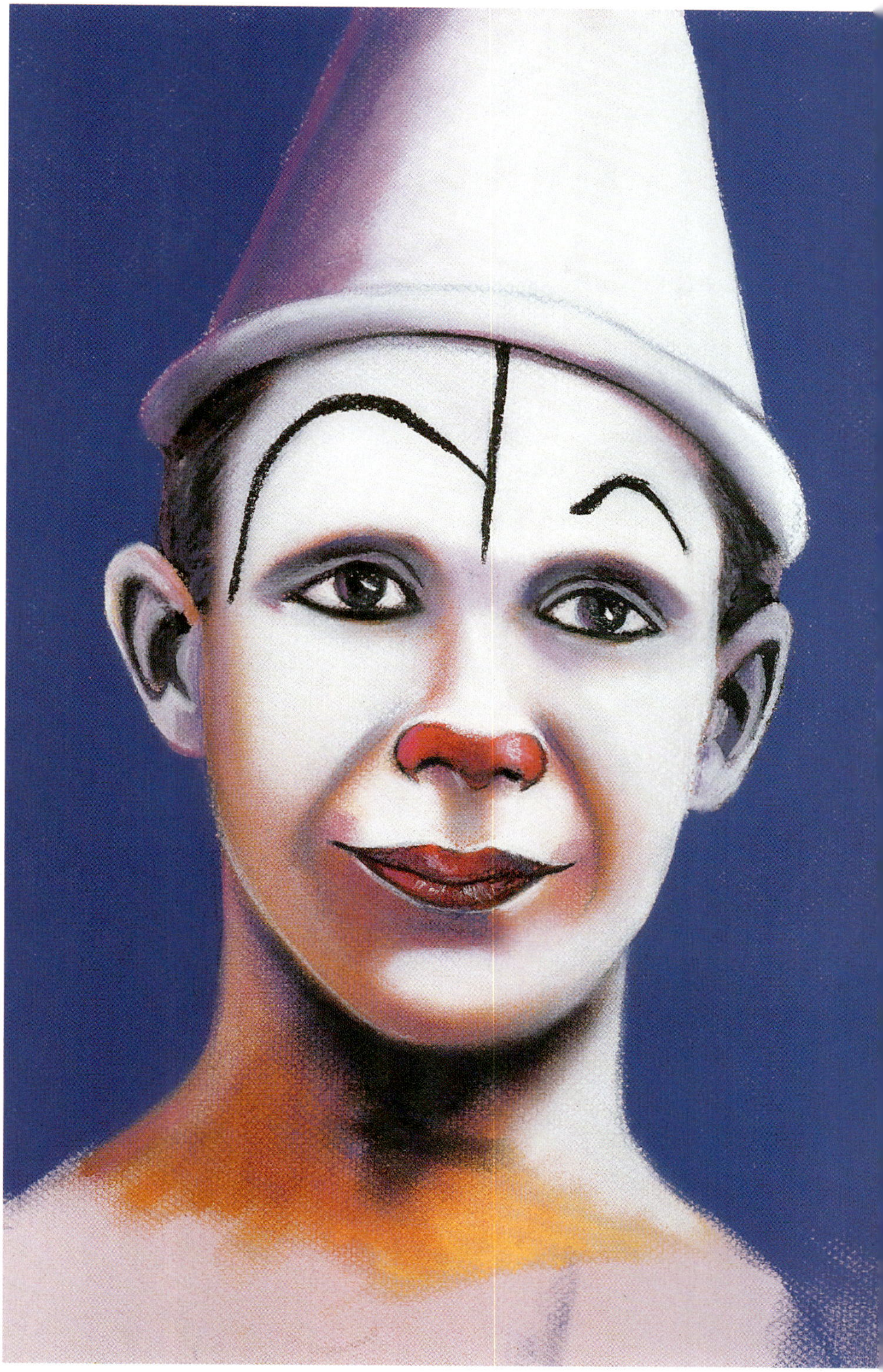

Material

Pastellpapier „Mi-Teintes" von Canson. Farbtöne: Blau, Schwarz, Weiß, Ocker, Orange, Rot und Krapprosa.

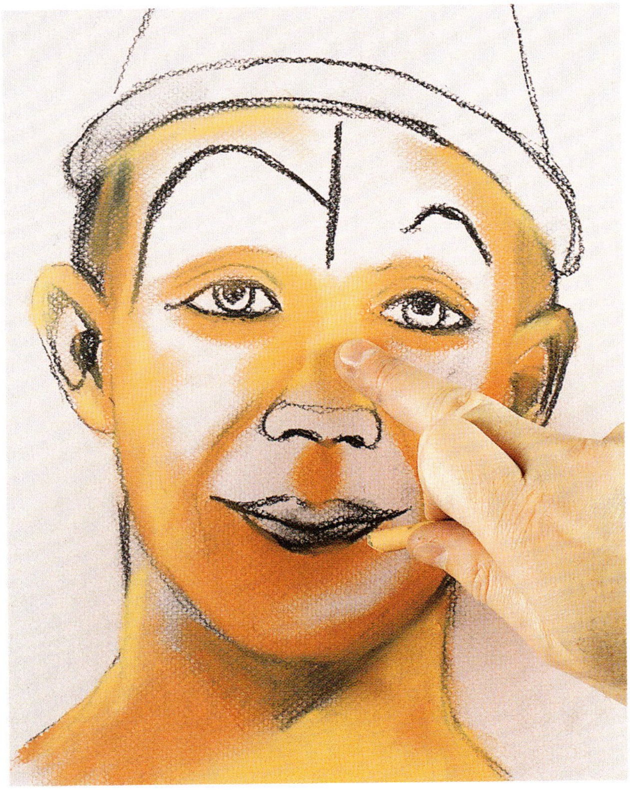

1 Mit hellbrauner Farbe und Orangerot bemalen Sie in der schwarz gezeichneten Skizze die Schattenbereiche des Gesichts. Verwischen Sie mit den Fingern die Farbtöne ineinander. Die Augen und den Mund sparen Sie noch aus.

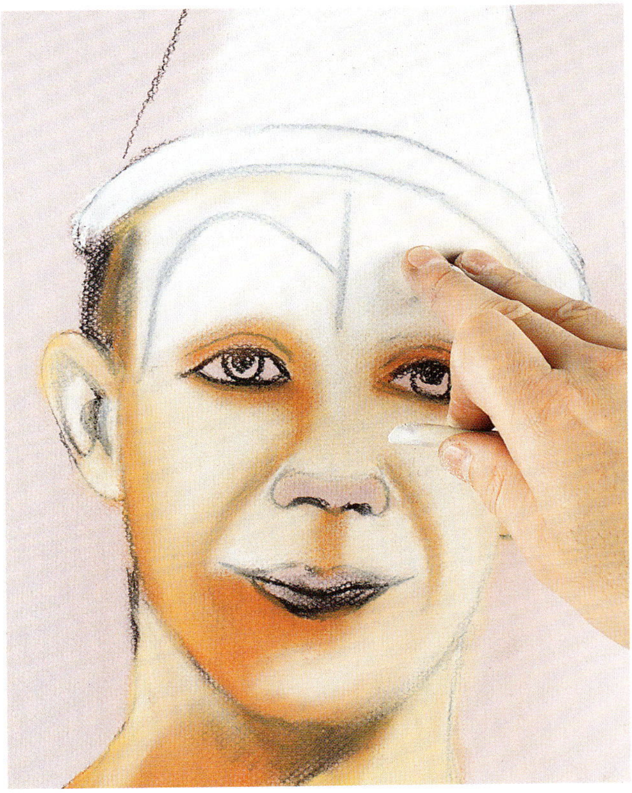

2 Übermalen Sie das getönte Gesicht mit weißer Farbe und verwischen Sie diese mit den Fingern zu einer gleichmäßigen Fläche. So erhalten Sie die weiße Schminke im Gesicht des Clowns. Die schwarze Farbe der Skizze ist noch gut zu erkennen und dient als Ausgangspunkt für die weiteren Schritte.

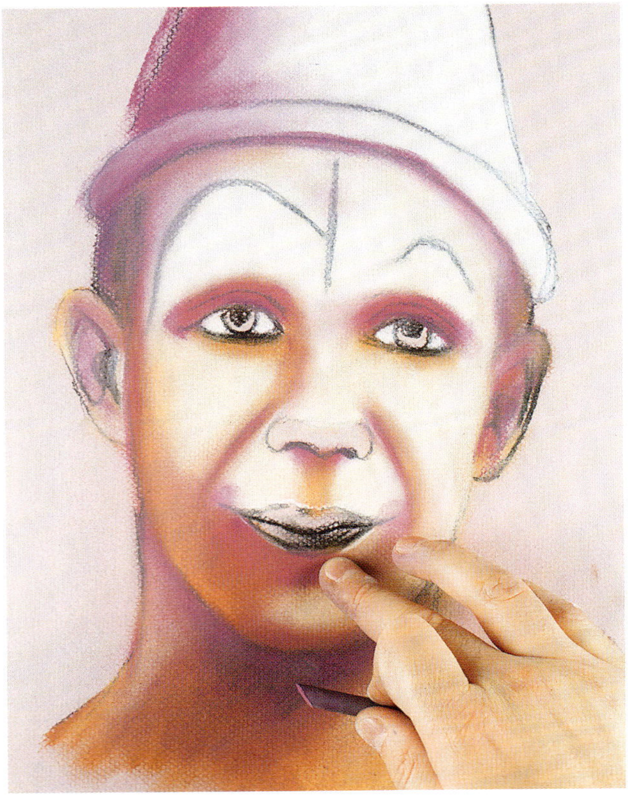

3 Porträts leben von den dargestellten Lichtverhältnissen. Je nach Lichteinfall entstehen weiche und harte Schatten, die dem Gesicht räumliche Tiefe verleihen. Bei diesem Motiv wird die Schattenwirkung durch Krapprosa erzeugt. Die Farbe wird vorsichtig und sparsam aufgetragen und zu einem zarten Farbverlauf verwischt.

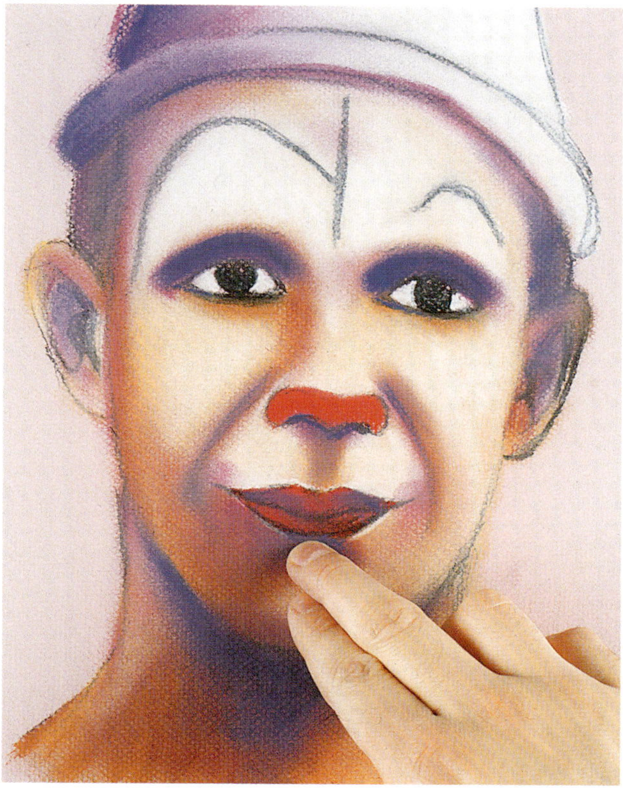

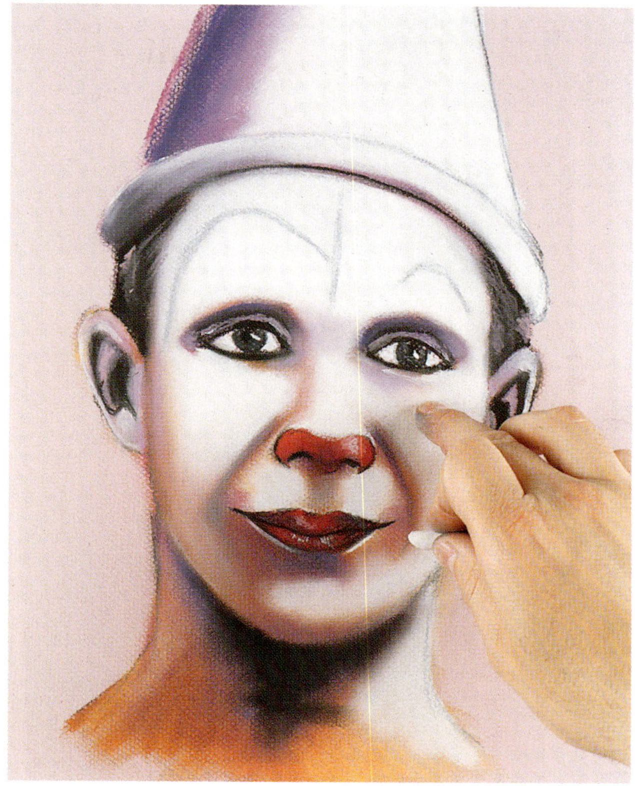

4 Wenn Sie mit den Schatten zufrieden sind, können Sie mit den Details des Gesichts beginnen. Die Augen, der Mund und die Nase werden mit den verschiedenen Farben akzentuiert. Harte Linien können Sie durch Verwischen abschwächen.

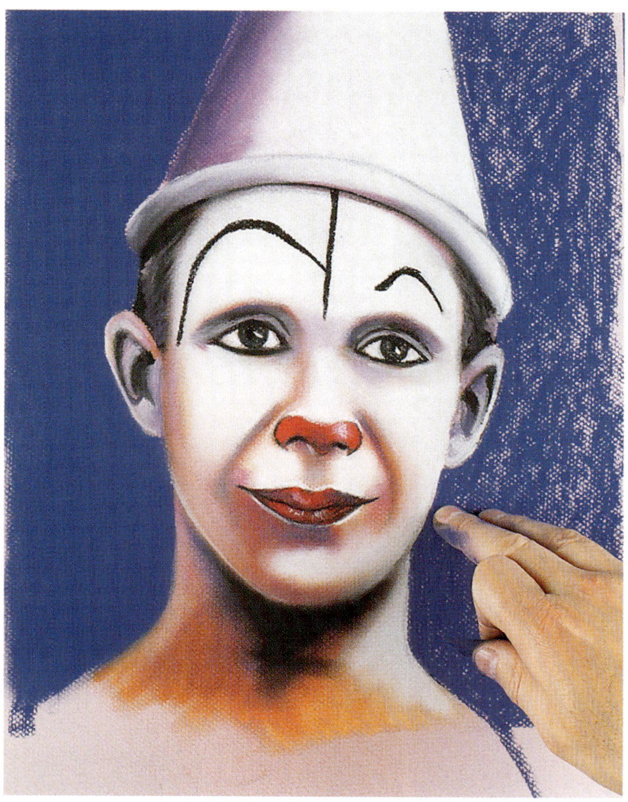

5 Durch das Fixieren und Verwischen dunkelt die weiße Farbe im Gesicht des Clowns nach. Unter Berücksichtigung der Schattenpartien tragen Sie nochmals weiße Farbe auf und verwischen diese vorsichtig mit den Fingern.

6 Mit schwarzer Farbe überarbeiten Sie das Gesicht des Clowns. Die Bearbeitung der Augen und die Bemalung des Gesichtes können mit einem schwarzen holzgefaßten Pastellstift ausgeführt werden. Zum Abschluß tragen Sie die Hintergrundfarbe flächig mit Pastellfarbe auf und verwischen diese anschließend mit den Fingern.

Das richtige Fixieren der Pastellfarbe

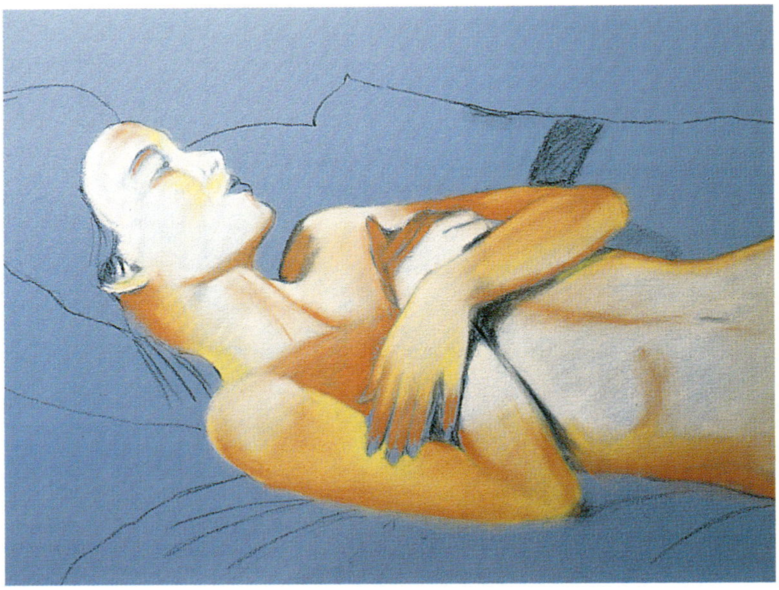

Um zu verdeutlichen, welche Eigenschaften das Fixativ besitzt, zeigen beide Abbildungen das gleiche Bild vor und nach dem Fixieren. An der unteren Abbildung ist deutlich erkennbar, daß die Farbe ihre Leuchtkraft verliert und nachdunkelt. Besonders bei getönten Papieren und Untermalungen kann es vorkommen, daß die Farbe nach dem Fixieren fleckig wird und der Untergrund hervortritt.

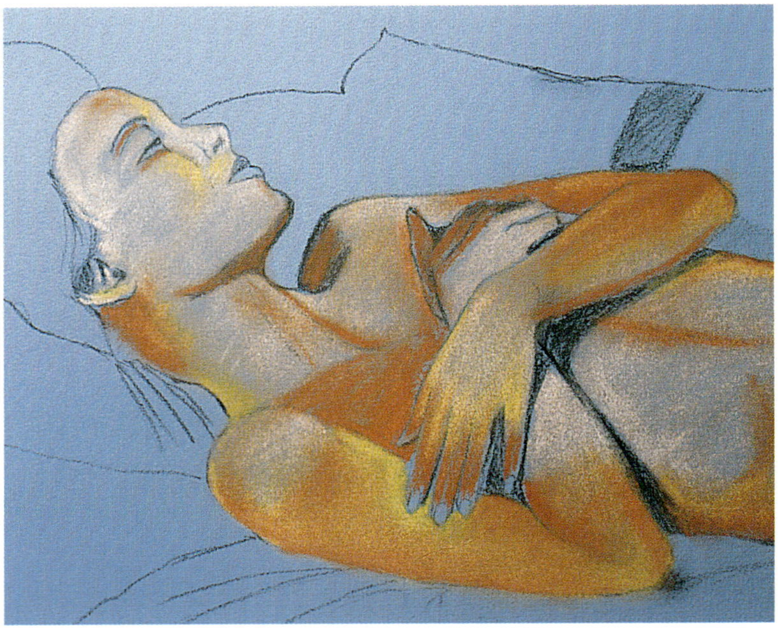

Eigenschaften des Fixativs

Es gibt Pastellmaler, die das Fixieren ihrer Arbeiten grundsätzlich ablehnen. Sie befürchten, daß durch die synthetischen Zusätze im Fixativ die Pigmente der Farbe ihre Brillanz verlieren. Tatsächlich dunkeln die meisten Farben durch den Auftrag eines Fixativs stark nach. Helle und weiße Pigmente, sofern sie nicht sehr viel Titanweiß enthalten, verschwinden sogar ganz. Falsch angewendete Fixative führen häufig zu Fleckenbildungen. Deshalb muß zur Vorsicht geraten werden. Richtig angewandt gibt es allerdings keinen Grund, weshalb man Pastellbilder nicht fixieren sollte. Wenn man ein paar Regeln beachtet, kann man das Fixativ gezielt für seine Arbeit einsetzen.

Fixative haben einen entscheidenden Nachteil. Nach dem Auftragen dunkelt die Farbe nach und verändert ihre Leuchtkraft. Aus zarten Pastelltönen werden harte Farbabstufungen. Das Schwarz tendiert ins Grau. Das weiße Pigment sickert in die darunterliegenden Farbschichten und wird dadurch unsichtbar. Diese Eigenschaft sollte der Pastellmaler von Anfang an berücksichtigen. Schon beim Aufbau seines Bildes muß er diesen Umstand beachten. Viele Anfänger begehen den Fehler und fixieren das Bild erst zum Abschluß ihrer Arbeit. Sie wundern sich dann, weshalb die Farben grau und unansehnlich wirken.

Die richtige Technik

Deshalb gilt folgende Regel: Zuerst die dunklen Farben auftragen und zwischenfixieren. Helle Farbtöne und Weiß sollte nicht fixiert werden. Wird es doch einmal nötig, muß man äußerst sparsam mit dem Fixativ umgehen.

Bei mehreren dick aufgetragenen Farbschichten, z.B. bei der Lasurtechnik, ist das Fixativ unerläßlich, da sich sonst die unteren Farbschichten mit den oberen vermischen und Farbabgrenzungen dadurch nicht möglich sind.

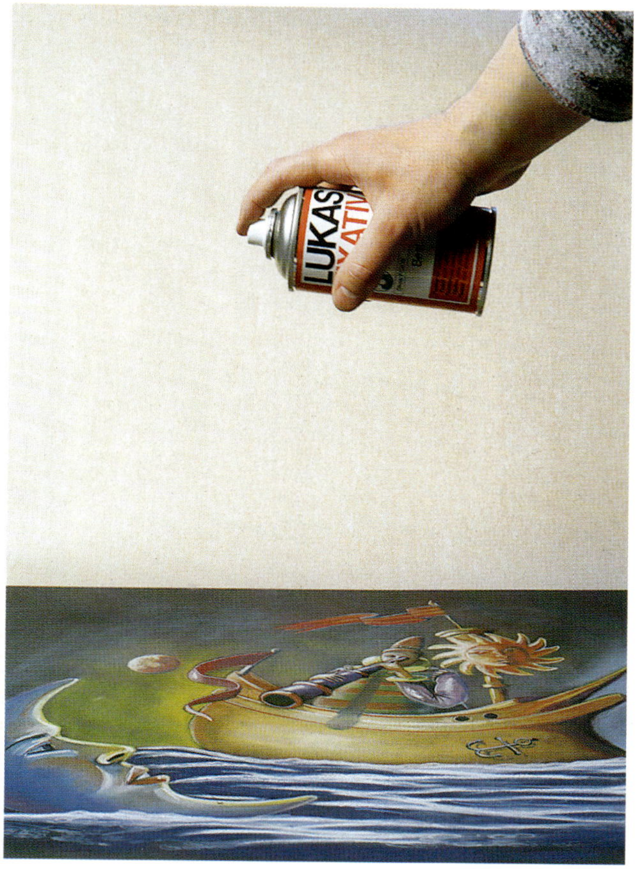

***Richtiges Fixieren:** Bild auf den Boden legen, im Abstand von 60 cm von oben nach unten besprühen. Der Auftrag ist ausreichend, wenn die Farbe etwas angefeuchtet ist.*

Spezial-Techniken

Wenn Teilbereiche eines Bildes fixiert werden müssen, kann eine Schablone gute Dienste leisten. Sie sollte in einem geringen Abstand zur Bildoberfläche gehalten werden und die Pastellfarbe nicht berühren. Andere Farbtöne können so nicht nachdunkeln und bleiben in ihrer ursprünglichen Leuchtkraft erhalten.

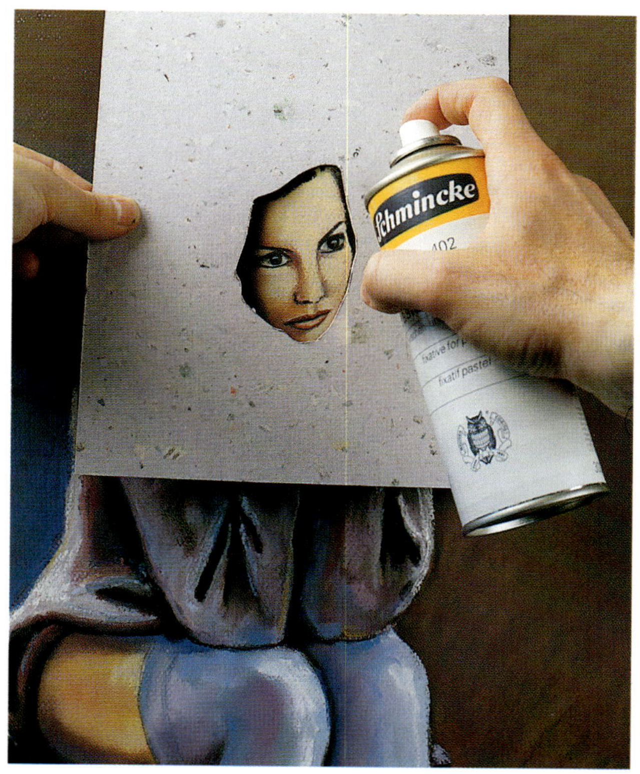

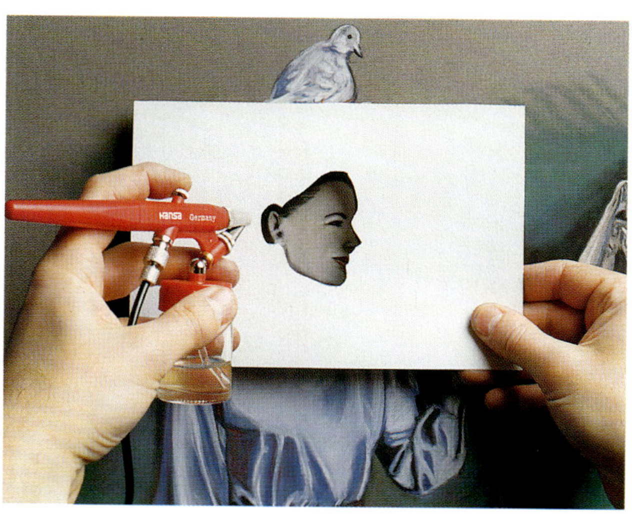

Mit einer Spritzpistole (Airbrush) läßt sich das Fixativ sehr fein zerstäuben. Besonders empfehlenswert ist diese Art des Fixierens für detailreiche Bilder. Spritzflecken, wie sie mit der Spraydose vorkommen, können durch eine Spritzpistole nicht entstehen.

Das Malen auf verschiedenen Malgründen

Farbiges Papier

Fast alle Pastellmaler bevorzugen für ihre Arbeiten einen getönten Malgrund. Farbige Papiere kann man im Handel kaufen oder auch selbst herstellen. Der eigenen Fantasie sind somit keine Grenzen gesetzt.

Für die Pastellmalerei eignen sich besonders getönte Papiere, deren Oberfläche genügend Pigment aufnehmen kann. Die Farbe des Untergrundes ist wichtig, weil einzelne Stellen des Malgrundes als Kontrast oder Schatten sichtbar bleiben können. So läßt sich die Leuchtkraft der Pastellfarbe noch erhöhen.

Der getönte Untergrund sollte allerdings mit den verwendeten Farbtönen harmonieren. Ein gelber Untergrund eigenet sich nicht für ein Bild, in dem viele blaue Farben vorkommen. Je nach Stärke des Farbauftrages kann sich das Gelb mit dem Blau zu einem Grünton vermischen. Ein roter Hintergrund kann Brauntöne verstärken. Ein graues Papier kann die Pastellfarbe abschwächen und im ungünstigen Fall graustichig wirken lassen. Deshalb sollte man bei der Farbauswahl des Papiers sehr genau darauf achten, welche Farben im Motiv vorkommen.

Empfehlenswert sind dezente oder pastellige Farbtöne, die sich in die gesamte Farbkomposition einbauen lassen.

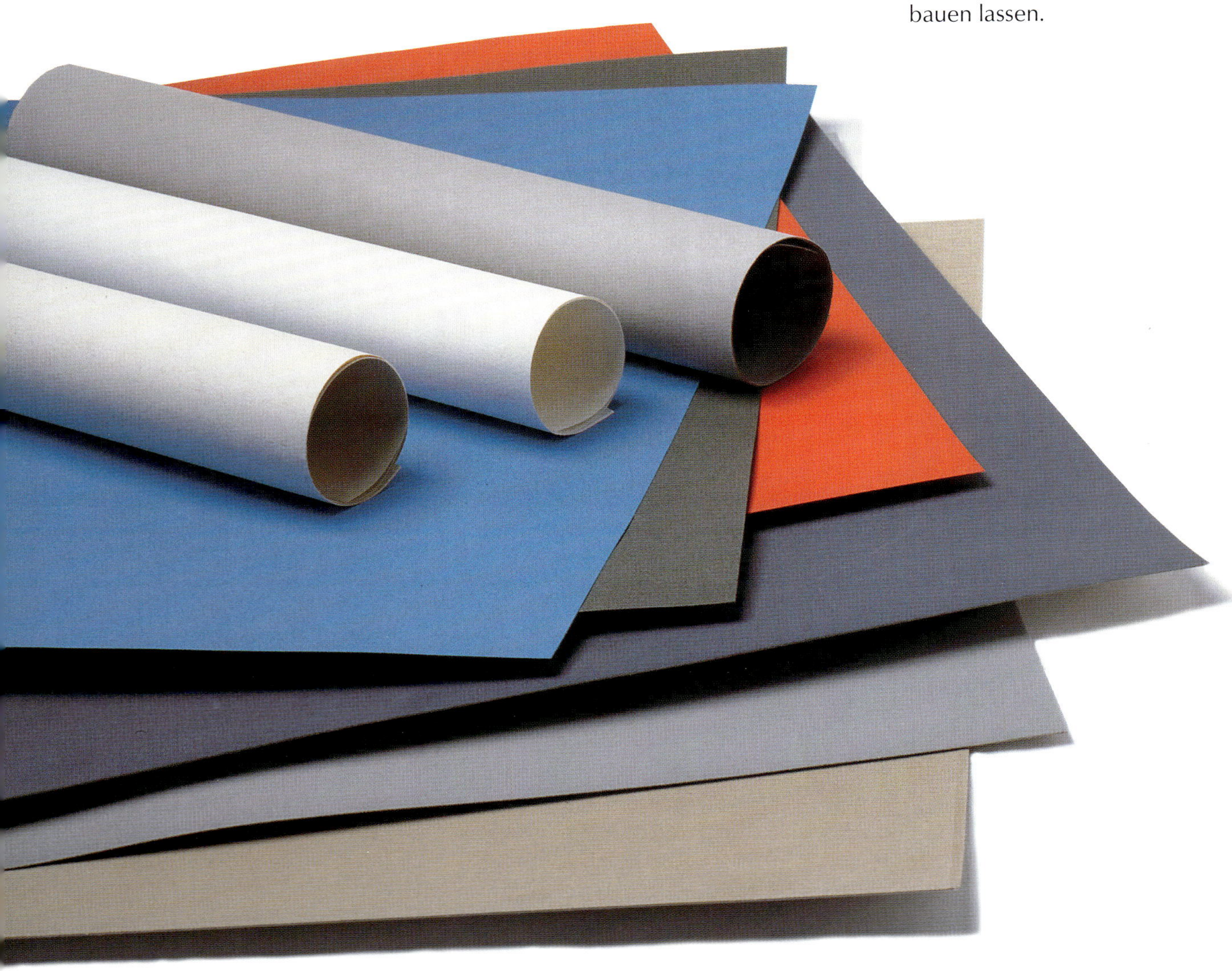

„Puppe auf Regal" 40 x 40 cm
Weiche Pastelle auf grundiertem Papier

Der gelbe Farbton des Pastellpapiers wurde bei diesem Motiv in die farbliche Gestaltung einbezogen.

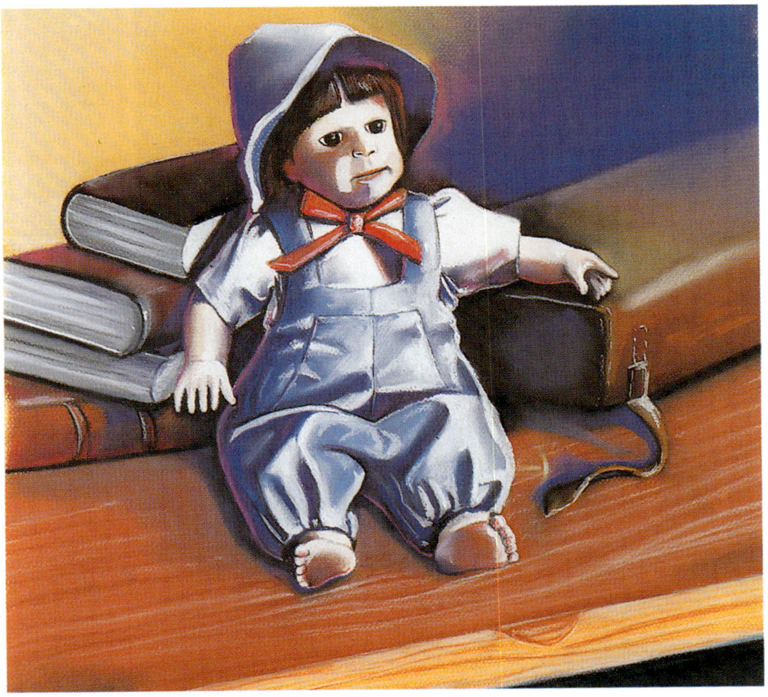

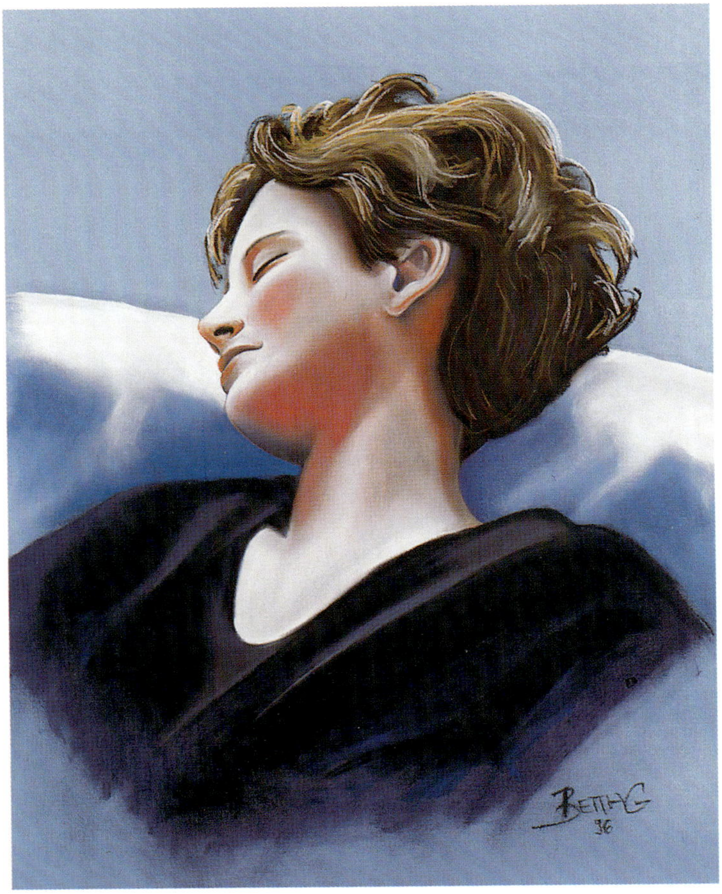

„Porträtstudie" 40 x 60 cm
Harte und weiche Pastelle auf blaues Papier

Dieses Bild entstand auf einem blau getönten Acryl-Halbkreidegrund. Der blaue Farbton diente als Unterlage für die weiteren Farbschichten.

Farbiges Papier

Schritt-für-Schritt-Übung

Die vorgestellte Übung zeigt, wie die Farbe eines getönten Papieres in die gesamte Bildkomposition einbezogen werden kann. Das Blau des Untergrundes harmoniert mit den verwendeten Farben der Pastelle.

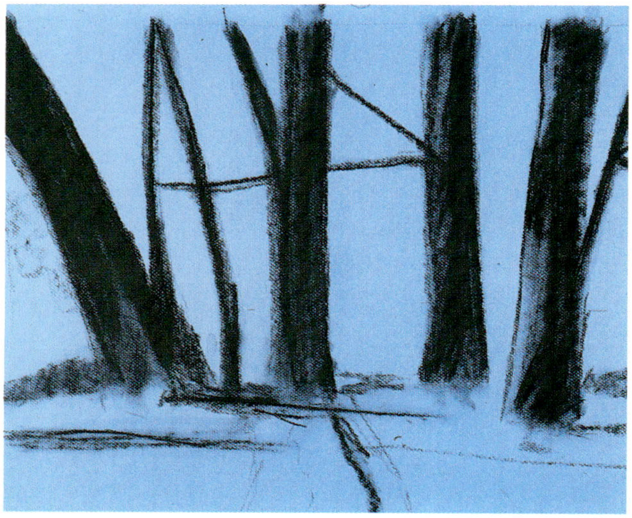

1 Zeichnen Sie auf ein blaues „Mi-Teintes"-Pastellpapier mit harter Pastellkreide die Skizze. Sie dient Ihnen als Ausgangspunkt für die weiteren Arbeitsschritte. Wie man erkennen kann, leuchtet das Blau des Papiers durch die schwarze Kreide. Dieser skizzenhafte Farbauftrag wird mit Fixativ besprüht.

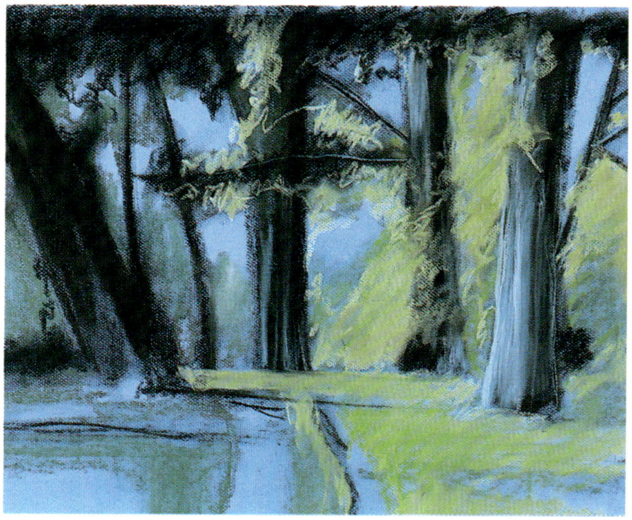

2 Nachdem Sie mit weicher schwarzer Pastellkreide weitere Schattenpunkte festgelegt haben, beginnen Sie mit dunkel- und hellgrüner Farbe die Blätter in leichten und unregelmäßigen Strichen aufzusetzen. Die dunklen Töne müssen Sie leicht mit den Fingern verwischen. Die helle Farbe bleibt in ihrem Strich unberührt. Einige wenige Details werden angedeutet und Schatten gesetzt. Dieser Farbauftrag wird ebenfalls fixiert.

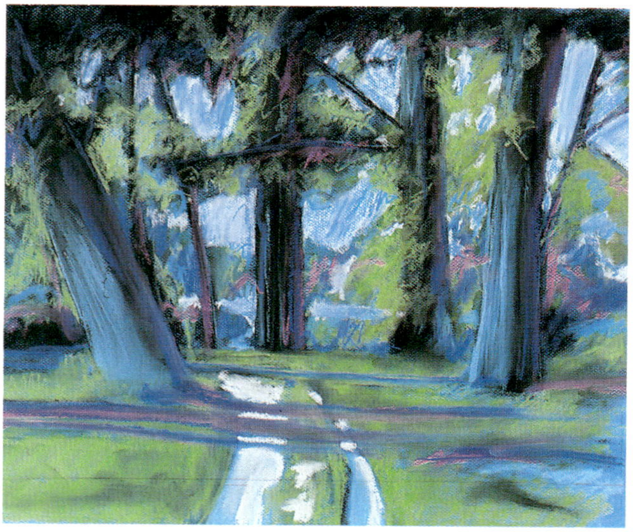

3 Mit Hellblau, Krapprosa und Ultramarin geht es weiter. Den erkennbaren Himmel zwischen den Bäumen und den Blättern gestalten Sie mit Hellblau. Die Schatten am Boden und zwischen den Blättern werden mit Ultramarin übermalt. Die Lichtreflexe setzen Sie mit Krapprosa leicht und locker auf.

4 Der Grundriß des Bildes ist jetzt gut zu erkennen. Mit schwarzer Pastellkreide werden weitere Details eingearbeitet. Scheuen Sie sich dabei nicht, helle Farben zu übermalen. Bei ausreichender Fixierung können Sie diese mit dunklen Farben problemlos überdecken.

5 Mit Hellgrün und Grüngelb malen Sie die Lichtreflexe auf den Blättern. Durch das Zusammenspiel beider Farben, die die dunklen Farbschichten nun teilweise überdecken, ergibt sich eine unregelmäßige Struktur, die einen Blätterwald andeutet. Einige Stellen im Motiv müssen Sie mit Weiß zusätzlich aufhellen. Die besondere Wirkung des Bildes entsteht dadurch, daß die aufgetragenen Farben in bestimmten Teilen den Farbton des Papiers durchscheinen lassen.

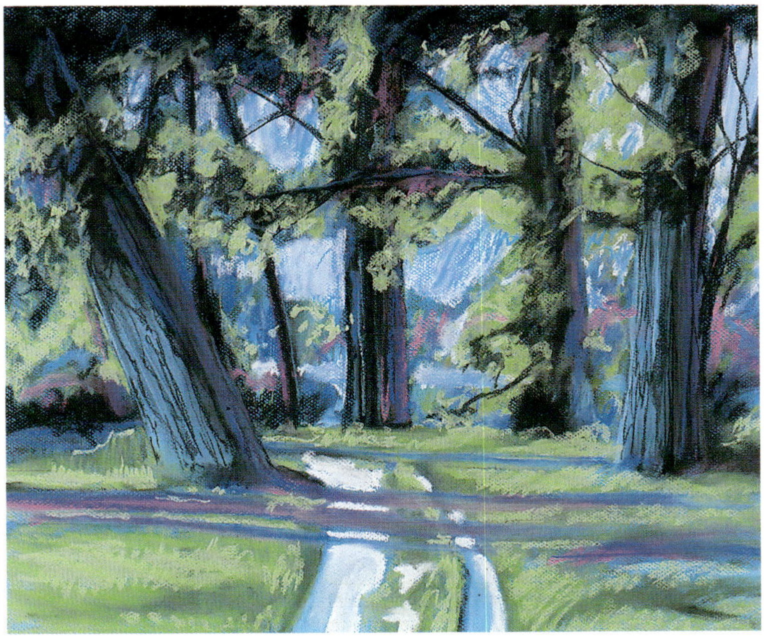

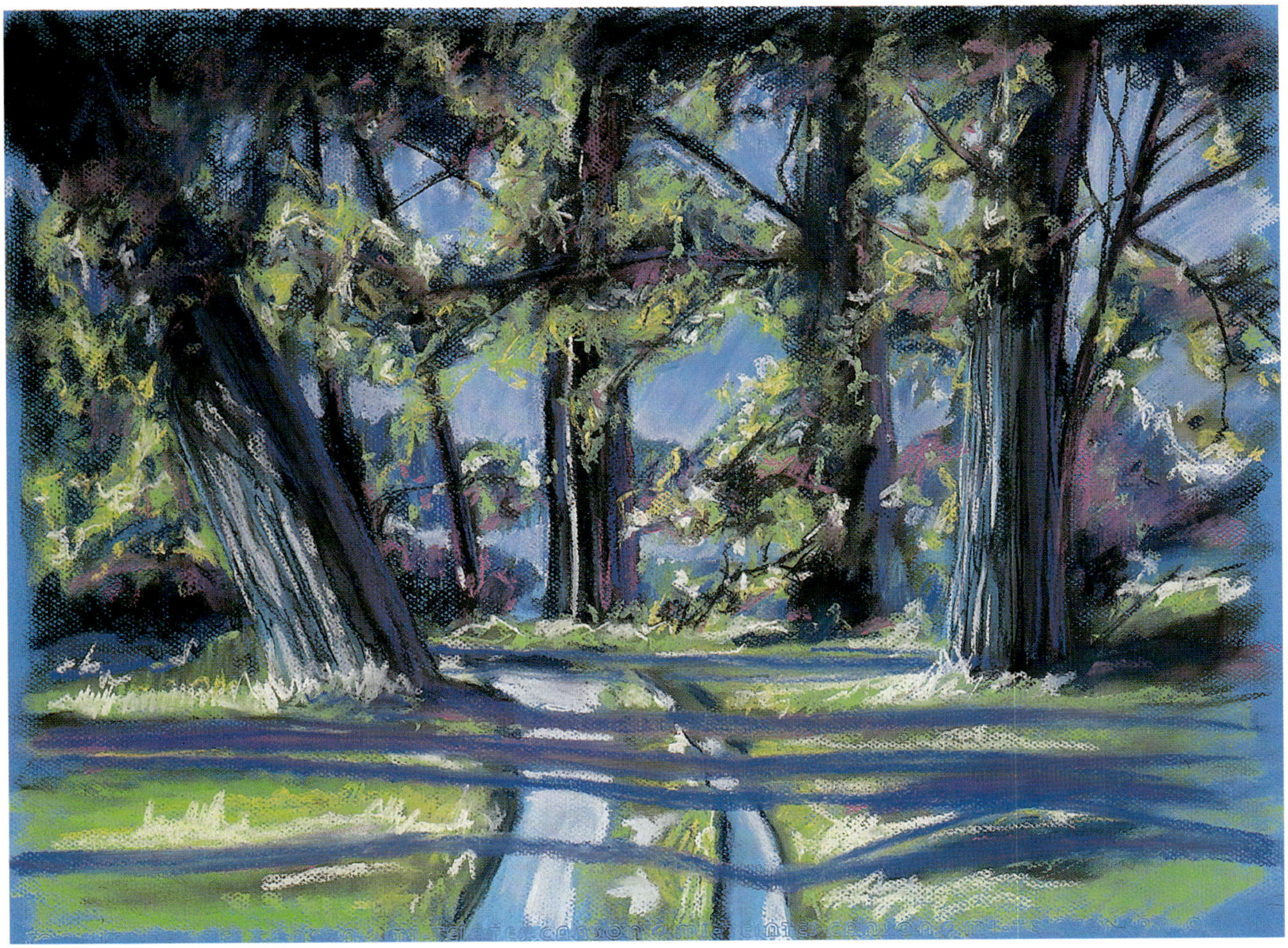

Velourspapier

Das Velourspapier nimmt in der Pastellmalerei eine besondere Stellung ein. Einige Künstler lehnen es wegen seiner außergewöhnlichen Oberflächenstruktur ab. Dabei ist es für bestimmte Anwendungen geradezu ideal. Velourspapier ist ein durch eine spezielle Beflockung veredeltes Papier, daß sehr viel Pigment aufnehmen kann. Die Motive wirken auf Velourspapier immer etwas verschwommen und undeutlich. Feine Linien und Details läßt dieses Papier kaum zu. Aber gerade in diesen Eigenschaften liegt auch der besondere Reiz für den Pastellmaler.

Motive auf Velourspapier können mehrmals fixiert und übermalt werden, weil das Pigment sehr tief in die samtartige Oberfläche eindringt. Für die Lasur, also mehrere Farbschichten übereinander aufgetragen, ist es ideal. Bedingt durch die weiche Struktur ist es für harte Kreiden ungeeignet. Um die empfindliche Oberfläche nicht zu zerstören, sollten ausschließlich weiche Pastelle verwendet werden. Papierwischer oder andere Werkzeuge beschädigen ebenfalls die Oberfläche. Zwar kann man die Farbe mit den Fingern leicht verwischen, doch das Ergebnis läßt zu wünschen übrig. Am besten läßt sich die Farbe mit einem Pastellpinsel zu zarten, luftigen Übergängen verteilen.

Mit Fixativ sollte vorsichtig umgegangen werden. Am besten man fixiert jede aufgetragene Farbschicht getrennt von der nächsten. Werden mehrere Pigmentschichten zusammen fixiert, kann die Oberfläche verklumpen und die Farbe verliert ihre Leuchtkraft

Velourspapier gibt es in verschiedenen Farbtönen und Qualitäten. Dünne Velourspapiere können sich nach dem Fixieren wellen und sollten unbedingt auf eine feste Unterlage aufgeklebt werden. Starke und widerstandsfähige Papiere bis 400 g/qm benötigen keine spezielle Behandlung und halten auch starker Beanspruchung stand.

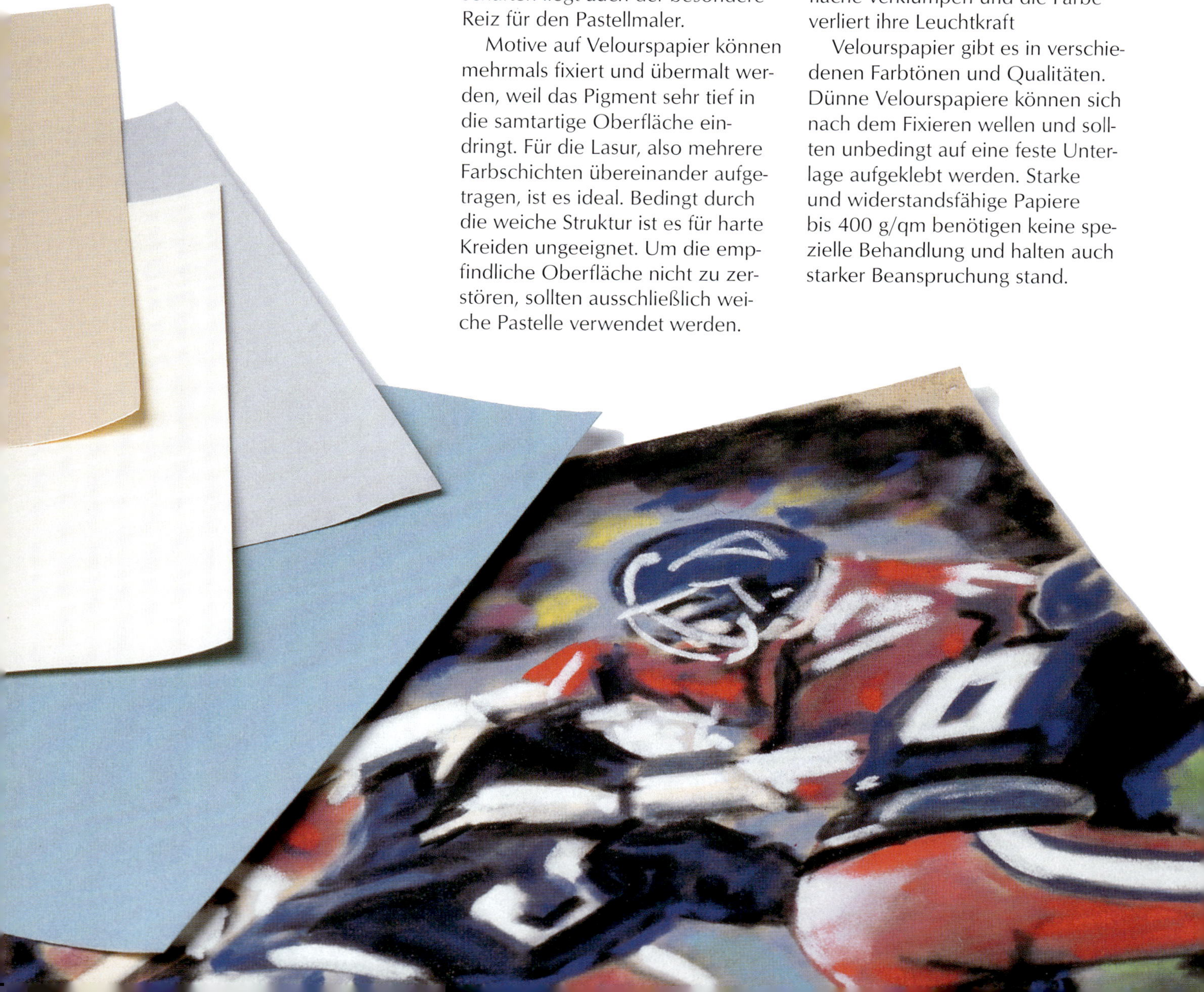

„Apfelzweig" 45 x 58 cm
Weiche Pastelle auf blau getöntem Velourspapier

Bei diesem Bild zeigen sich deutlich die Eigenschaften des Papiers und der weichen Pastelle. Die Farbe erscheint kräftig und hebt den Zweig mit den reifen Früchten deutlich vom Untergrund ab. Auf ein Verwischen der Farben wurde verzichtet.

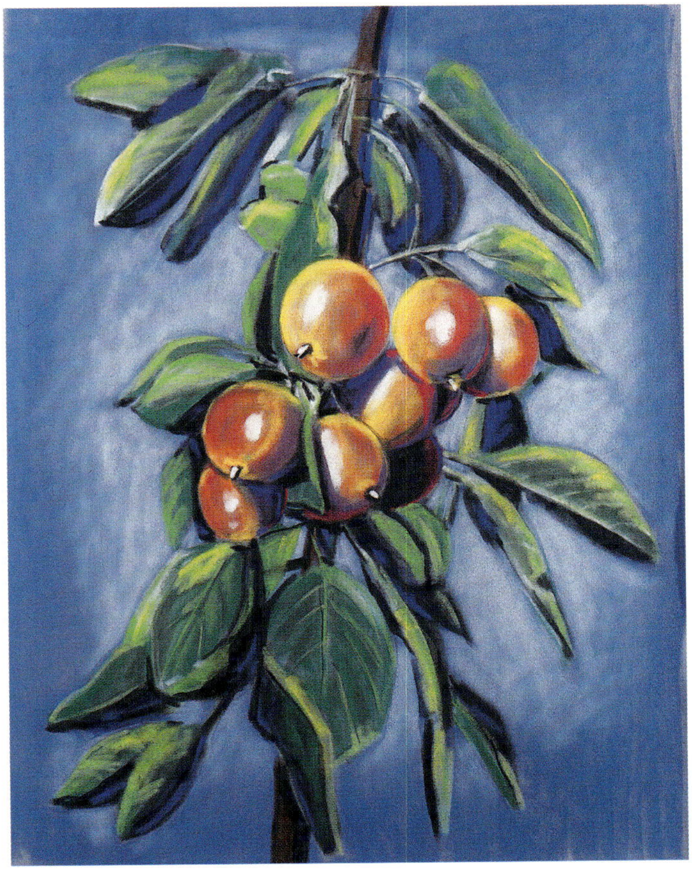

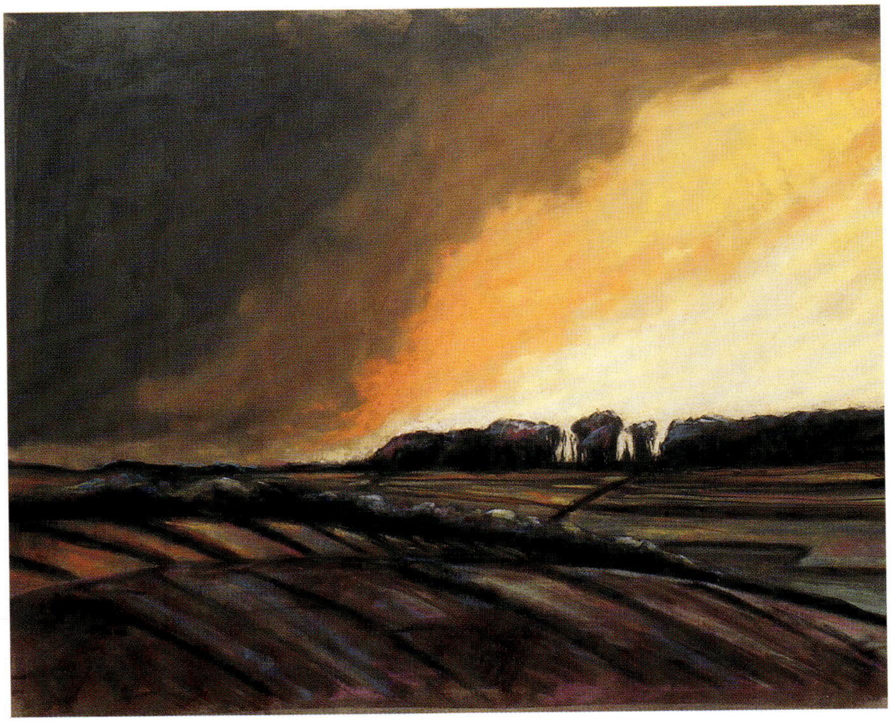

„Herbstlandschaft" 40 x 60 cm
Weiche und mittelweiche Pastelle auf Velourskarton

Um die feinen Farbabstufungen des Wolkenhimmels zu gestalten, kam bei diesem Motiv der Pastellpinsel zum Einsatz. Für die Landschaft im Vordergrund wurden weiche und mittelweiche Pastelle verwendet.

Velourspapier

Schritt-für-Schritt-Übung

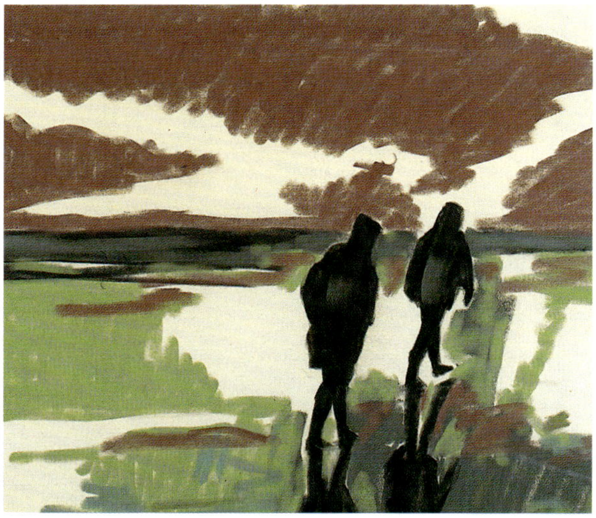

1 Mit drei dunklen Farbtönen aus weicher Pastellkreide (Braun, Grün und Schwarz) wird das Motiv in groben Zügen auf ein getöntes Velourspapier aufskizziert. Für die hellen Bildstellen nutzen Sie den Grundton des Papiers und übermalen diese nicht mit dunklen Farben. So kann man das Motiv von Anfang an gut erkennen.

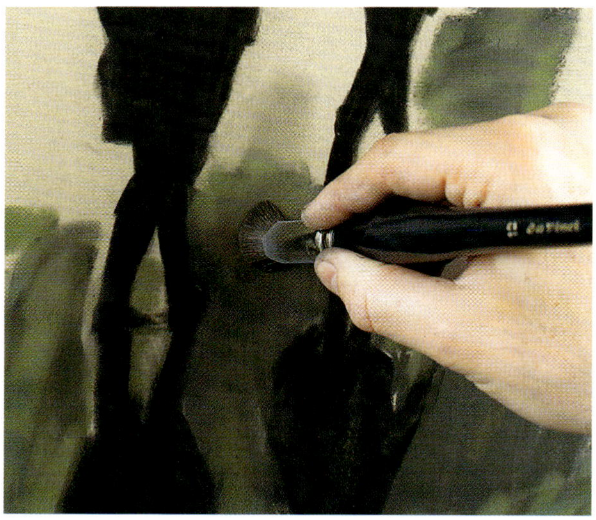

2 Um die Farbe zu verwischen und ineinander zu malen wird ein Pastellpinsel verwendet. Durch kreisende Bewegungen entstehen zarte Übergänge und Farbabstufungen. Überschüssige Farbe klopfen Sie vorsichtig aus den Pinselhaaren heraus.

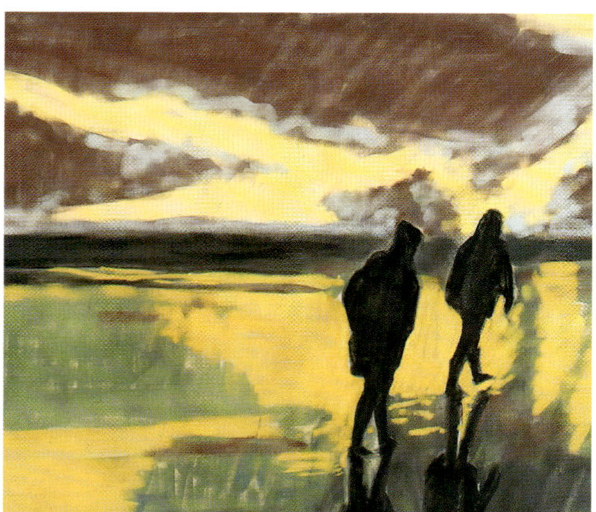

3 Auch hier arbeiten Sie wieder von Dunkel nach Hell. So entsteht durch das Auftragen von Gelb eine leichte Tiefenwirkung, die dem Motiv die nötige Plastizität gibt. Der Farbauftrag muß in diesem Stadium gründlich fixiert werden, damit er für die weiteren Pigmentschichten präpariert ist.

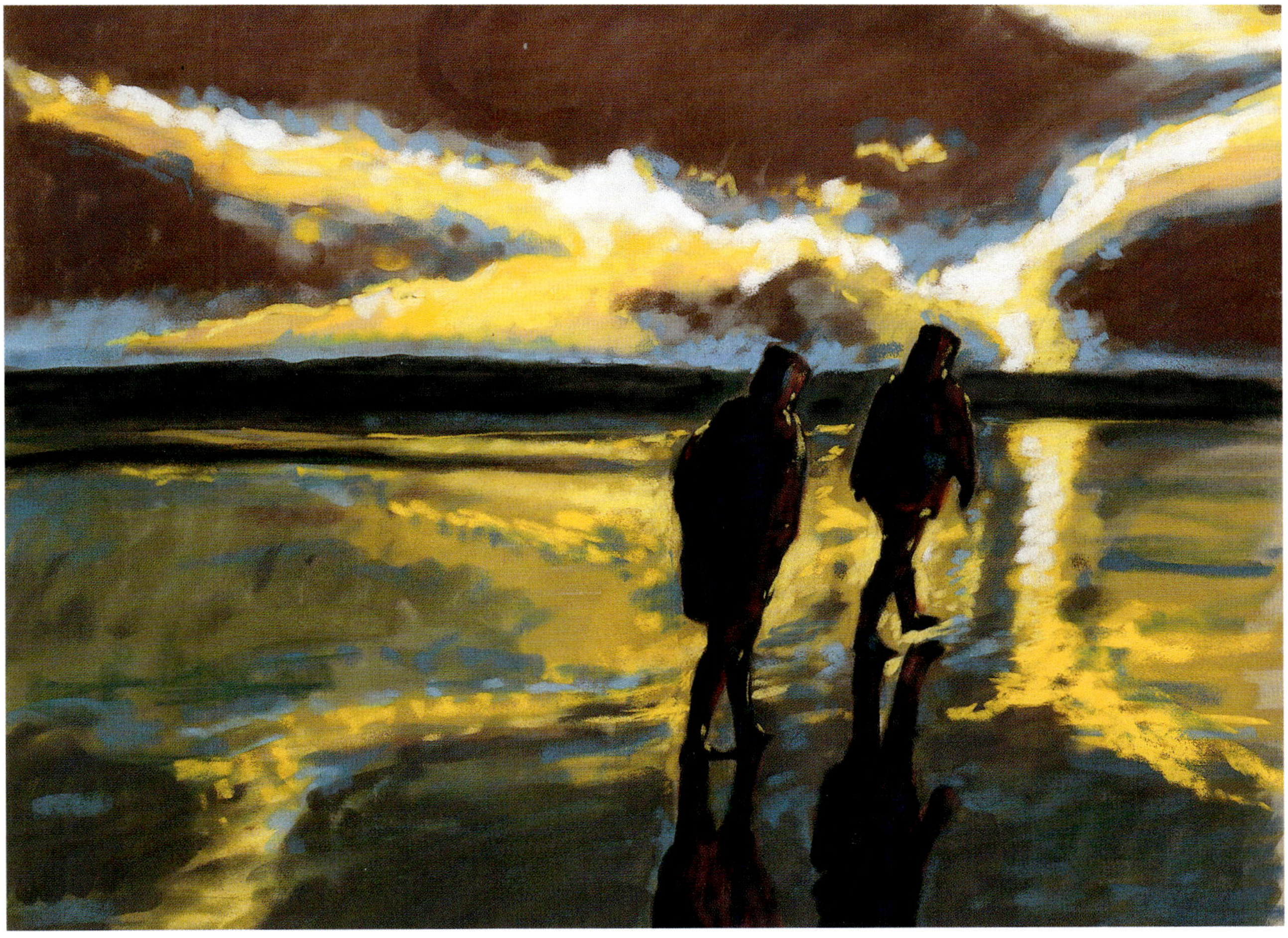

4 Durch das Auftragen unterschiedlicher warmer Farbtöne bringen Sie das Motiv zur Vollendung. Der Horizont wird durch einen mittleren Blauton weiter nach hinten gesetzt. Das Wasser auf dem Boden spiegelt den Wolkenhimmel in dunkleren, abgesetzten Farbtönen wieder. Die Figuren bekommen durch das Aufsetzen von dunkelroten Reflexionen ihre endgültige Plastizität. Die Schatten der Figuren wurden weiter überarbeitet. Zum Abschluß deuten Sie mit Weiß das Sonnenlicht an.

Das Wechselspiel der spärlich eingesetzten Farbpalette betont die bedrohliche Atmosphäre des Gewitterhimmels an der See. Die durchbrechende Sonne wird zum entscheidenden Akzent des Motivs. Der Farbton des Papiers verstärkt den Kontrast der hellen und dunklen Farben. Zum Verwischen der Farbe verwenden Sie diesmal nicht Ihre Finger, sondern einen Pastellpinsel. Nur er gewährleistet, daß die Farbe auf dem gewälten Velourspapier zu zarten Übergängen verwischt werden kann.

Material

Hellgrau getöntes Velourspapier, Pastellpinsel.
Weiche Pastelle in den Farben Braun, Grün, Schwarz, Gelb, Hellblau, Dunkelrot und Weiß.

Dunkle und schwarze Untergründe

Nachdem Sie erfahren haben, daß der Farbauftrag immer von Dunkel nach Hell erfolgen sollte, werden Sie sich natürlich fragen, wie man auf einem dunklen oder schwarzen Untergrund vorgeht.

Um erfolgreich zu sein, muß der Pastellmaler einen Trick anwenden. Er bestimmt einen mittleren Farbton aus dem gewählten Motiv. Mit diesem Farbton skizziert er das Motiv auf das dunkle Papier.
Die Motivflächen füllt er ebenfalls mit diesem Farbton aus. Durch das Fixieren dunkelt die Farbe nach, und so erhält man einen Farbauftrag, auf den die weitere Arbeitsweise abgestimmt werden kann. Auf dieser Grundierung kann man nun wieder von Dunkel nach Hell arbeiten. Der Farbton des Untergrundes darf für Schatten und schwarze Bildteile stehen bleiben und muß nicht übermalt werden.

Es ist nicht ratsam, wie noch in einigen älteren Lehrbüchern zu lesen, den zu bearbeitenden Motivteil mit weißer Pastellfarbe zu grundieren und diesen dann zu fixieren. Denn jeder aufgetragene Farbton vermischt sich mit dem Weiß, und die Farben verlieren ihre Leuchtkraft. Dunkle Papiere sollten grundsätzlich für kontrastreiche Motive verwendet werden. Zarte Farbabstufungen hingegen lassen sich besser auf hellen Untergründen verwirklichen.

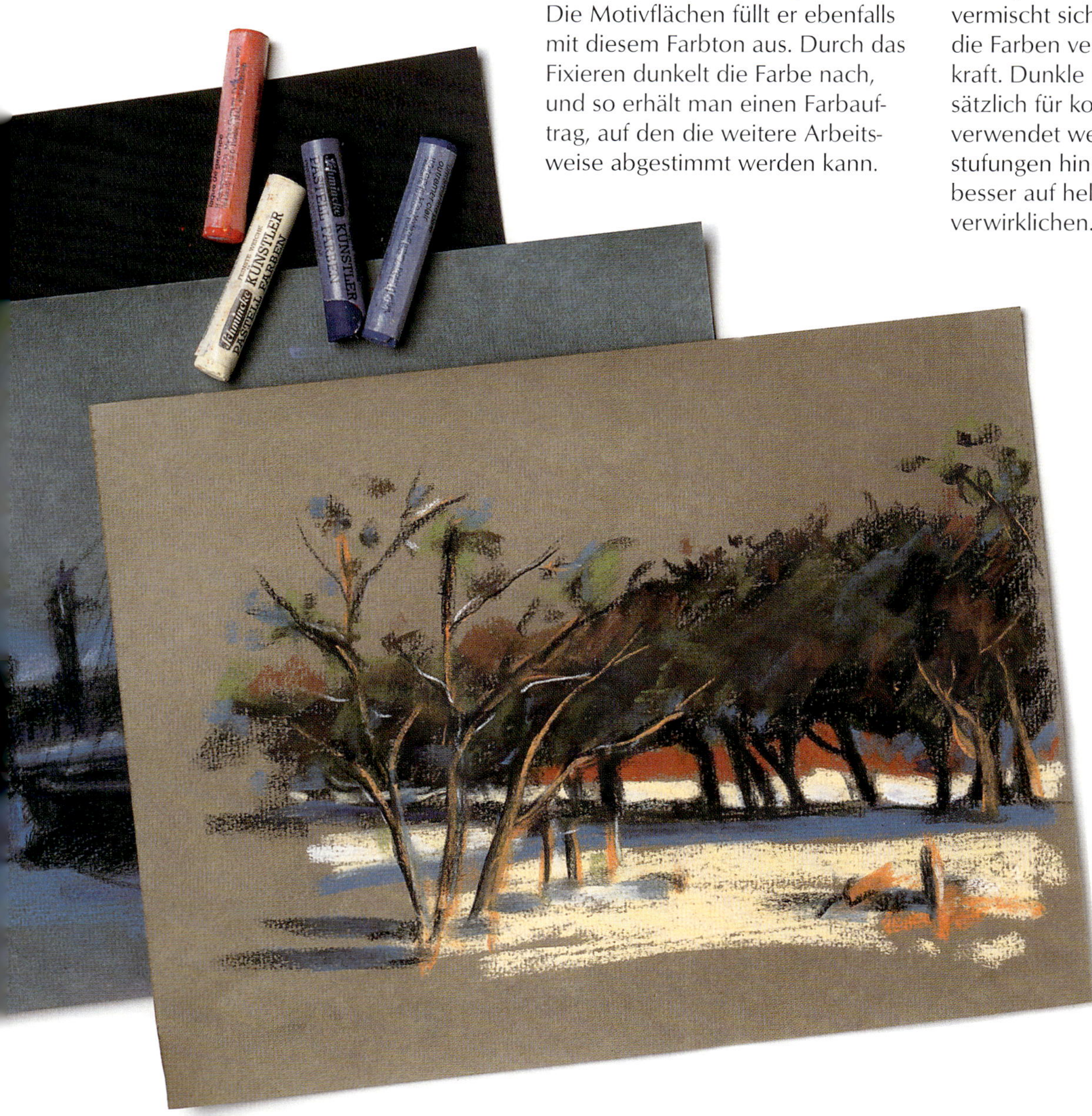

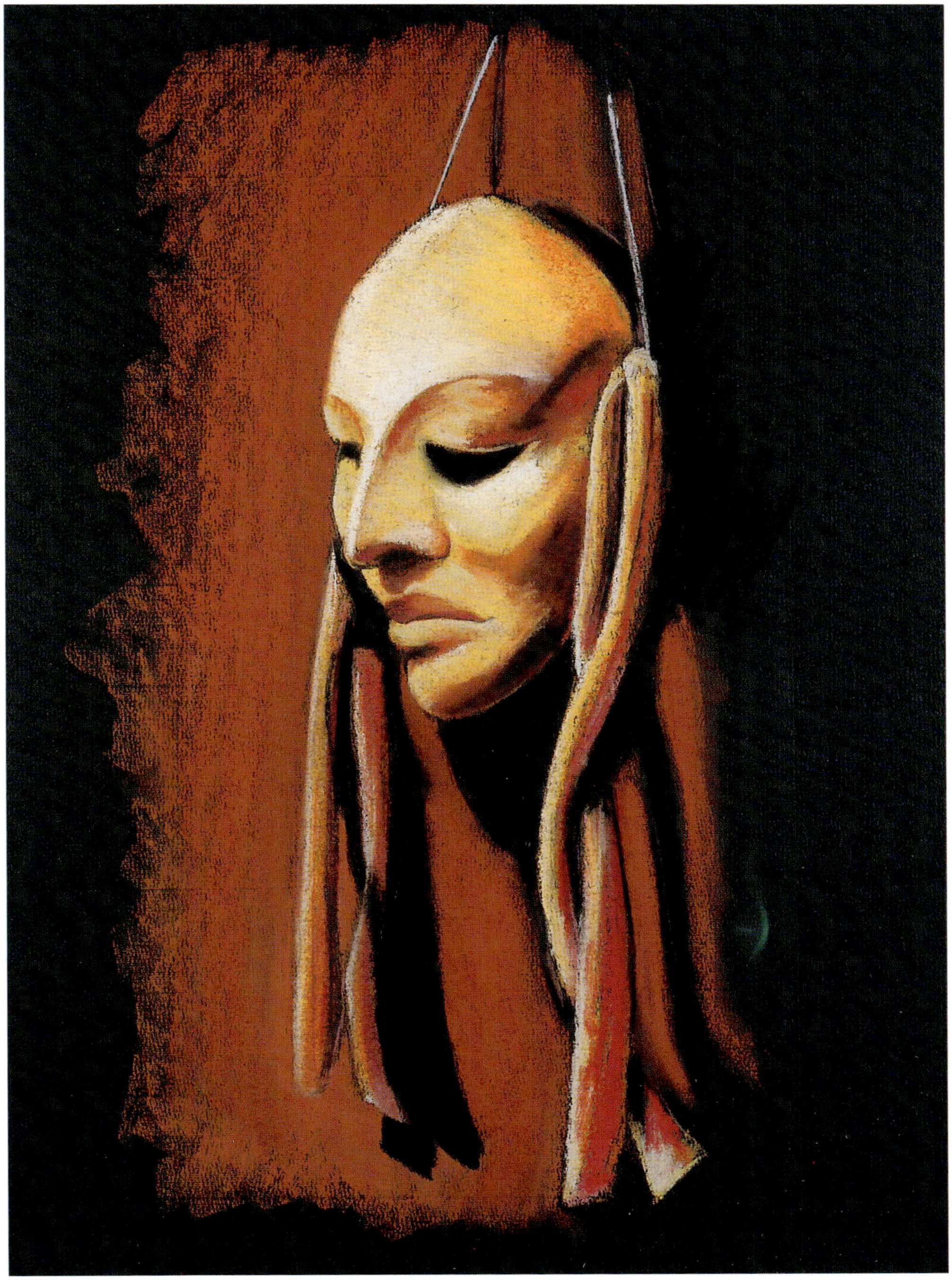

„Venezianische Maske" 30 x 50 cm
Weiche Pastelle auf schwarzem „Ingres"-Papier

Dieses Motiv wurde mit nur vier Farben auf ein schwarzes „Ingres"-Papier gemalt. Die Schatten in diesem Motiv entstanden durch den Farbton des Papiers.

Dunkle und schwarze Untergründe

Schritt-für-Schritt-Übung

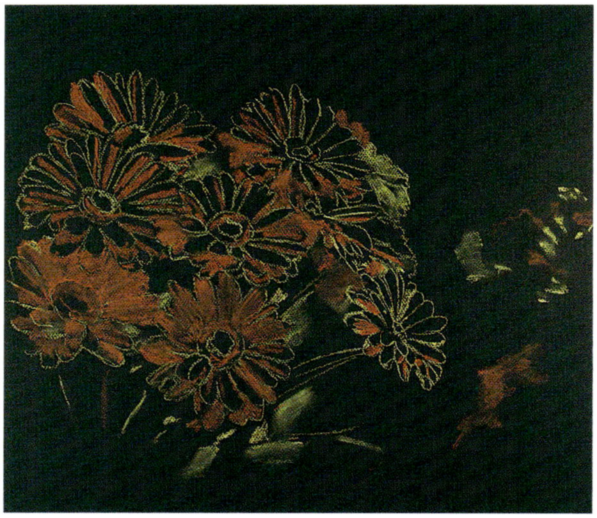

1 Für die Skizze sollten Sie holzgefaßte Pastellstifte verwenden. Mit den Fingern verwischen Sie die Gelb- und Rottöne. Achten Sie darauf, daß die Farbe beim Auftragen die dunklen Stellen des Motivs nicht verschmutzt. Dies würde dem Bild einen unsauberen Anschein geben. Durch das Fixieren dunkelt dieser skizzenhafte und noch etwas schwach schimmernde Farbauftrag nach.

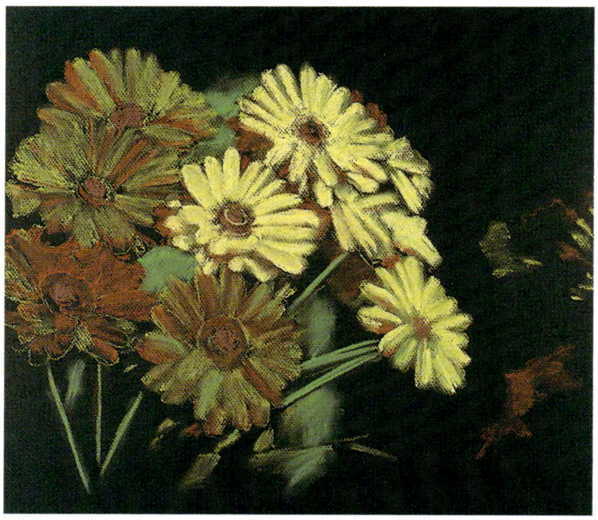

2 Nachdem Sie die Blumen mit beiden Farben flächig ausgemalt und mit den Fingern verwischt haben, beginnen Sie mit harter Pastelkreide die Blütenblätter zu gestalten. Man kann sehr schön die leuchtenden Farben erkennen, die jetzt die skizzenhafte Untermalung überdecken. Nach diesem Schritt sollten Sie das Bild nochmals fixieren.

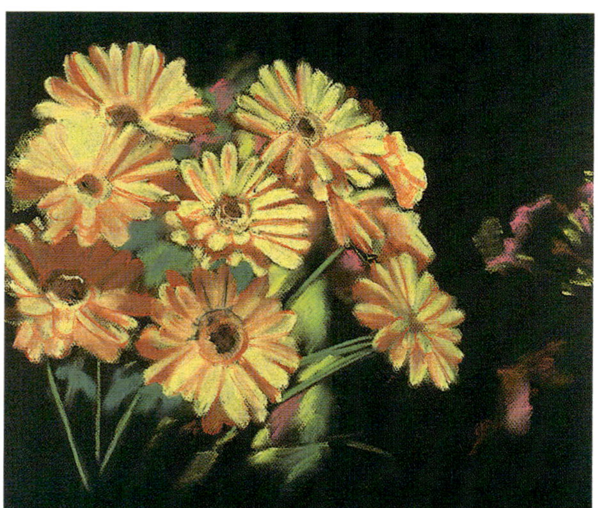

3 Malen Sie die Blütenblätter weiter mit Gelb flächig aus. Die Schatten malen Sie mit roter Farbe, die Sie leicht mit den Fingern verwischen. Wichtig ist, daß bei diesem Schritt die Details durch Farbabgrenzungen erzeugt werden.

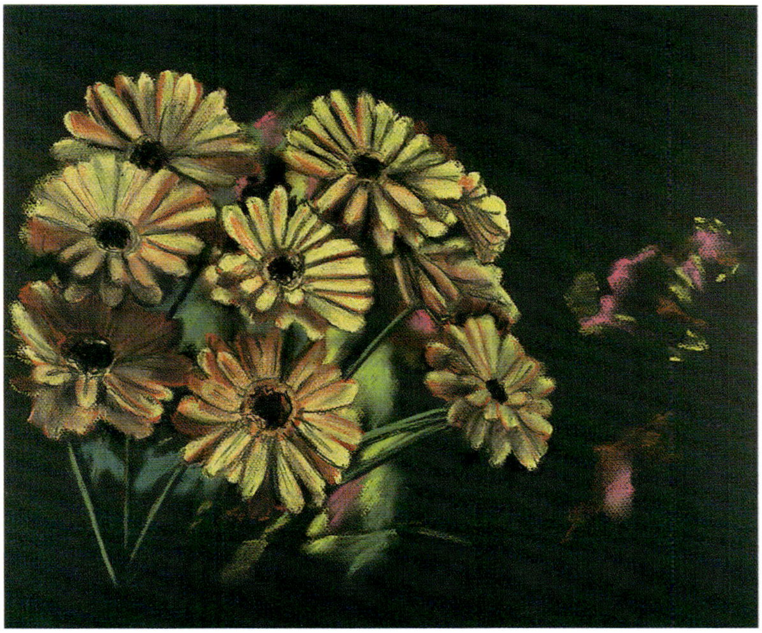

4 Um einzelne Motivteile besser voneinander unterscheiden zu können, überarbeiten Sie die Details und Schatten mit schwarzer Farbe. Hierfür eignet sich am besten ein holzgefaßter Pastellstift.

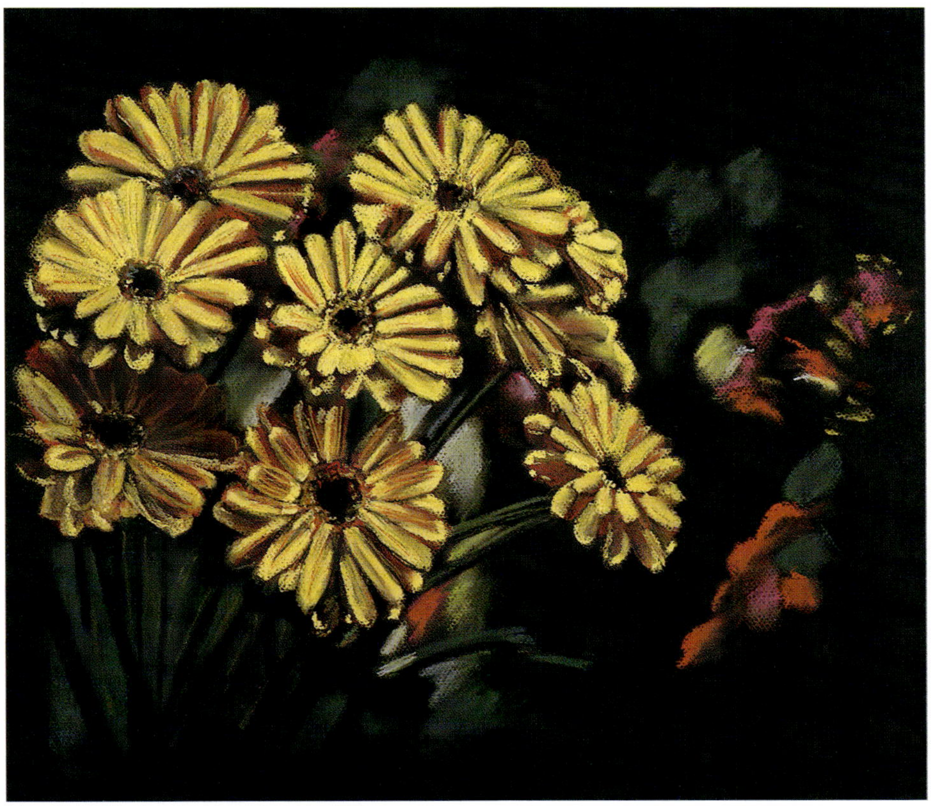

5 Im letzten Schritt tragen Sie die hellen Farbtöne auf. Diese geben dem Motiv seine endgültige Plastizität. Die Spitzlichter und Spiegelungen gestalten Sie mit Weiß. Nach der abschließenden Überarbeitung des Motivs mit holzgefaßten Pastellstiften sollte der Farbauftrag nicht mehr fixiert werden. Gerade auf dunklen Untergründen dunkelt die Farbe nach der Verwendung eines Fixativs sehr stark nach. Dadurch verlieren die Farben ihre Leuchtkraft.

Der Hell-Dunkel-Kontrast dieses Motivs hebt die gelben Blüten besonders stark hervor. Gemalt wurde es mit holzgefaßten Pastellstiften und harten Kreiden auf einem schwarzen „Mi-Teintes"-Pastellpapier, das die hellen Farben sehr gut annimmt. Bei dieser Übung kommt es nicht auf die genaue Farbwahl an. Wichtig ist hier nur, den richtigen Umgang mit dem dunklen Malgrund zu begreifen.

Die Untermalung mit Acrylfarbe

Wer sich länger mit der Pastellmalerei beschäftigt, wird sehr bald die experimentellen Möglichkeiten dieser Farbe entdecken.

Eine interessante Technik ist die Untermalung mit verschiedenen Farben. Ein Vorteil, wenn man Pastellfarben mit anderen Farben kombiniert, liegt darin, daß man mit nassen Farben sehr schnell große Flächen decken kann. Es lassen sich relativ zügig Hell-Dunkel-Kontraste anlegen. So entsteht ein farbiger Entwurf, der später mit Pastellfarben vertieft werden kann.

Die Untermalung hat den Vorteil, daß sich eine nichtlösliche Farbe mit den darüberliegenden Pigmentschichten des Pastells nicht vermischt. Somit kann man die Pastellfarbe kräftiger auftragen. Die Leuchtkraft der Farbe wird dadurch erhöht. Am häufigsten verwendet man Aquarell- und Acrylfarbe zur Untermalung. Gouache und Tempera bieten sich ebenfalls an, da sie eine rauhe und matte Oberfläche besitzen, auf der die Pastellpigmente sehr gut haften.

Der Malgrund sollte bei wasservermalbaren Farben entsprechend stabil sein. Dünne Papiere, die sich stark wellen, sind für diese Technik ungeeignet. Empfehlenswert sind feste Maluntergründe, wie Aquarellpapier, Passepartout- oder Grafikkarton.

Einige Hersteller bieten Aquarellpapiere an, die auf Karton aufgezogen sind. Solche „kaschierten" Papiere können sich nicht verziehen und ermöglichen ein schnelles Arbeiten.

So wird´s gemacht

Die Technik der Untermalung ist leicht nachzuvollziehen. Das Motiv wird mit Acrylfarbe oder einer anderen Farbe skizzenhaft entworfen. Der Farbauftrag sollte absolut fettfrei sein und eine körnige Oberfläche besitzen. Der so vorgestaltete Untergrund ist ein idealer Boden für die weitere Bearbeitung mit Pastellfarbe. Vielen Pastellmalern dient diese Art der Untermalung als Vorzeichnung, mit der komplizierte Motive verwirklicht werden können. Besonders schön ist diese Vorgehensweise, wenn nur Teilbereiche des Motivs mit Pastellfarbe ausgemalt werden und die Untermalung in die Bildgestaltung mit einbezogen wird.

Bei Acrylfarben ist darauf zu achten, daß die Farbe nach dem Trocknen eine matte Oberfläche besitzt. Glänzende Farben sollte man meiden. Sie haben in der Regel immer eine glatte Oberfläche, auf der die Pastellfarbe kaum haftet. Außerdem vertragen sich die matten Pastellfarben nicht mit glänzenden Oberflächen.

Das Fixativ sollte sparsam angewandt werden. Gerade bei dunklen Untermalungen kann durch zuviel Fixativ das Pastellpigment nachdunkeln und der Untergrund durchscheinen. Diese Stellen müssen dann nochmals mit Pastell übermalt werden.

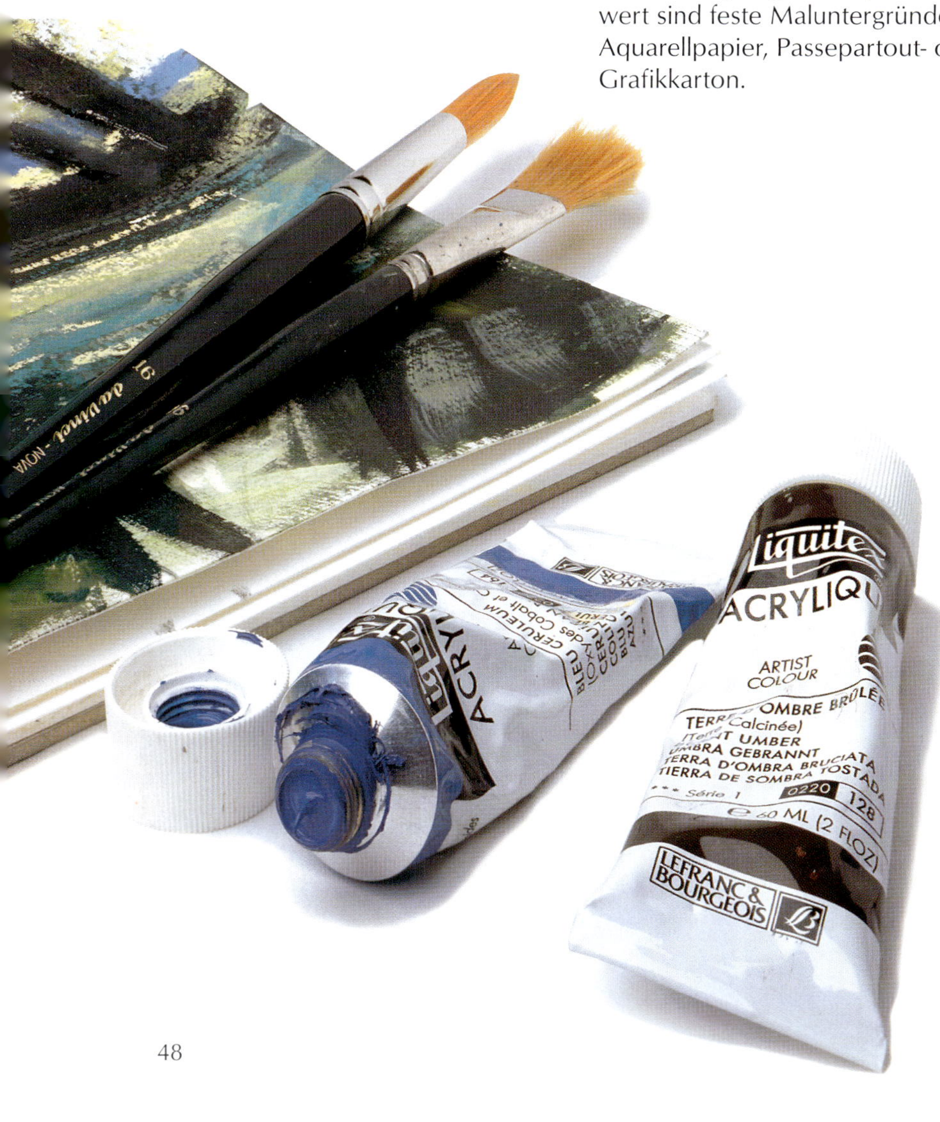

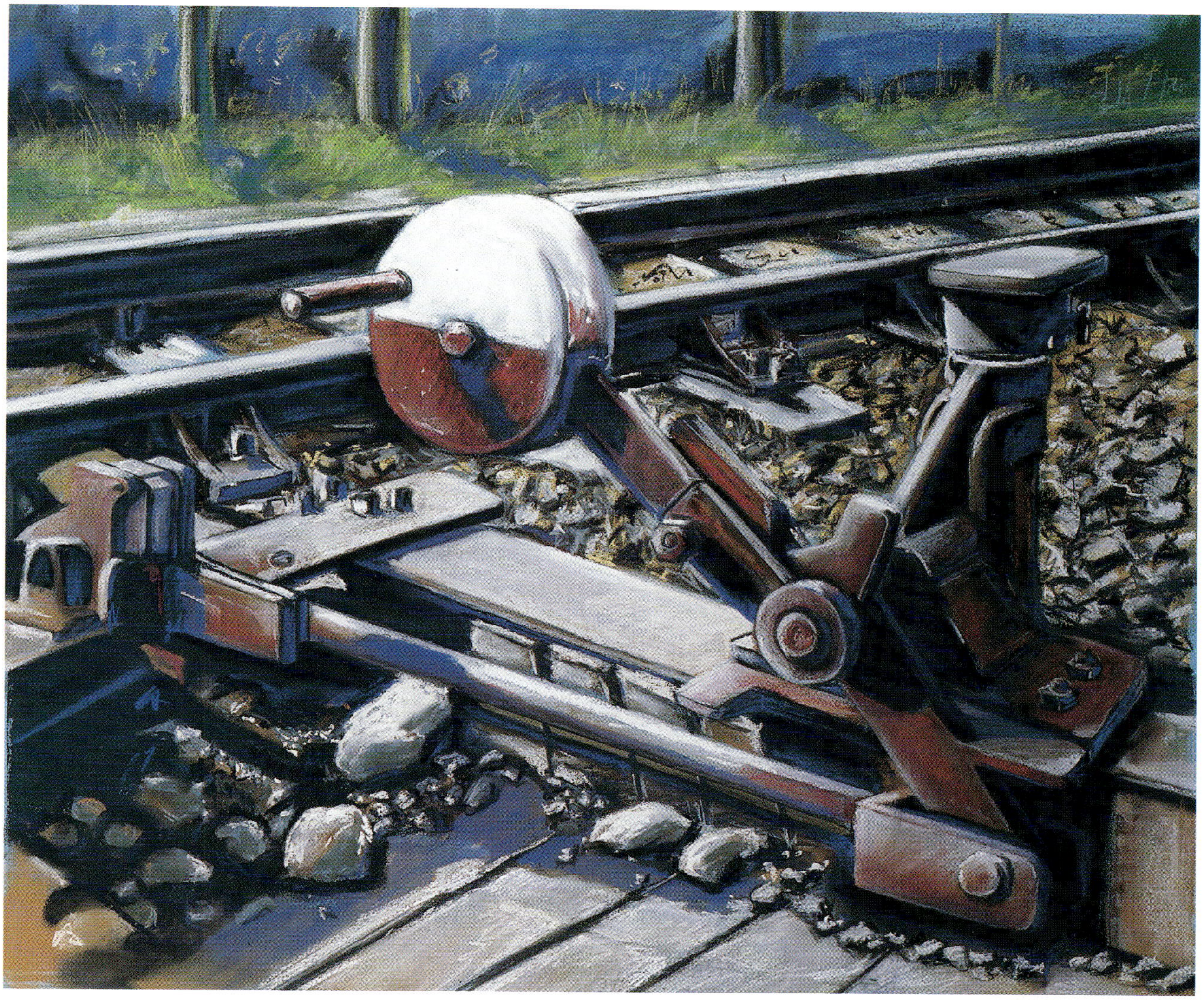

„An den Bahngleisen" 40 x 60 cm
Pastell auf grundiertem Papier

Bei diesem Motiv wurde die Komposition mit Acrylfarbe monoton angedeutet und danach mit weichen Pastellen ausgearbeitet. Die Details entstanden zum Schluß mit holzgefaßten Pastellstiften.

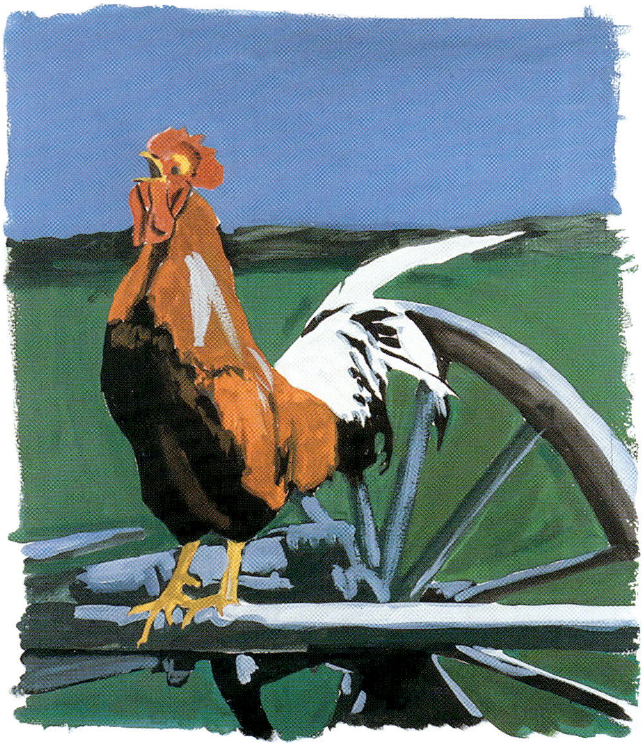

Die Untermalung mit Acrylfarbe

Übungsbeispiel: krähender Hahn

1 Der krähende Hahn wurde mit Acrylfarbe flächig auf den starken Aquarellkarton-„Montval" von Canson-aufgemalt. Die Farbtöne wurden so gewählt, daß sie die mittleren Farbwerte des Motivs wiedergeben. Das Weiß ergibt sich durch den Farbton des Papiers.
In den meisten Fällen reicht bei der Untermalung, wie in diesem Beispiel, eine oberflächliche Bildkomposition, da die Details mit der Pastellfarbe aufgearbeitet werden.

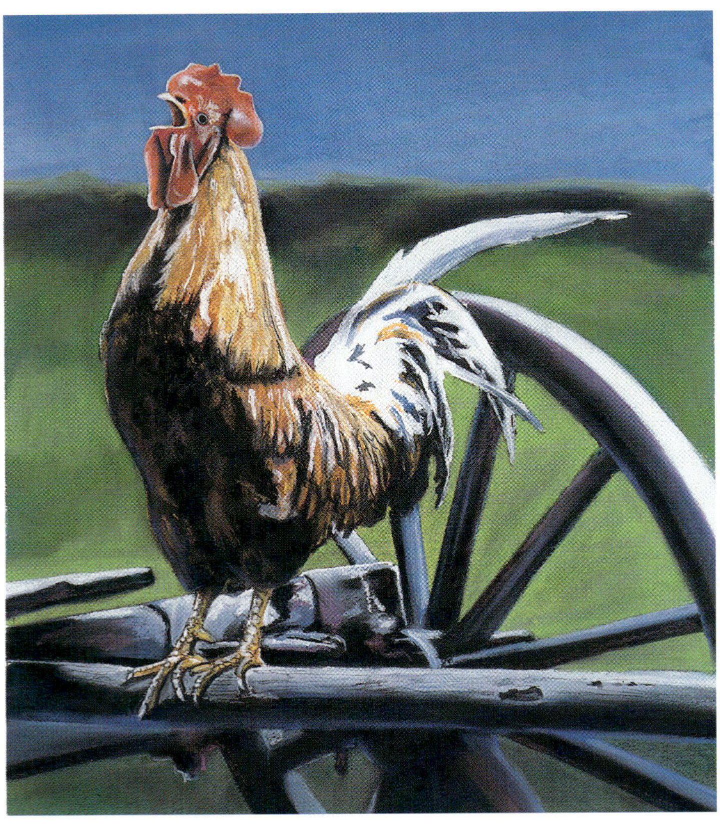

2 Nach dem Durchtrocknen der Acrylfarbe wurde die gesamte Bildkomposition mit Pastell übermalt und fertiggestellt. Wenn Sie die Übung nachmachen möchten, sollten Sie darauf achten, daß Sie mit den mittleren Farbwerten beginnen. Die Schatten und Details gestalten Sie mit dunklen Farben. Zum Abschluß setzen Sie die hellen Farben und das Weiß für die Reflexionen in das Bild. Die Pastellfarbe sollten Sie immer wieder leicht zwischenfixieren. Für dieses Motiv können Sie die Verwischtechnik wählen. Die Federn, der Kopf und die Füße können Sie zusätzlich mit holzgefaßten Pastellstiften überarbeiten.

Die Untermalung mit Acrylfarbe

Übungsbeispiel: Blumenvase

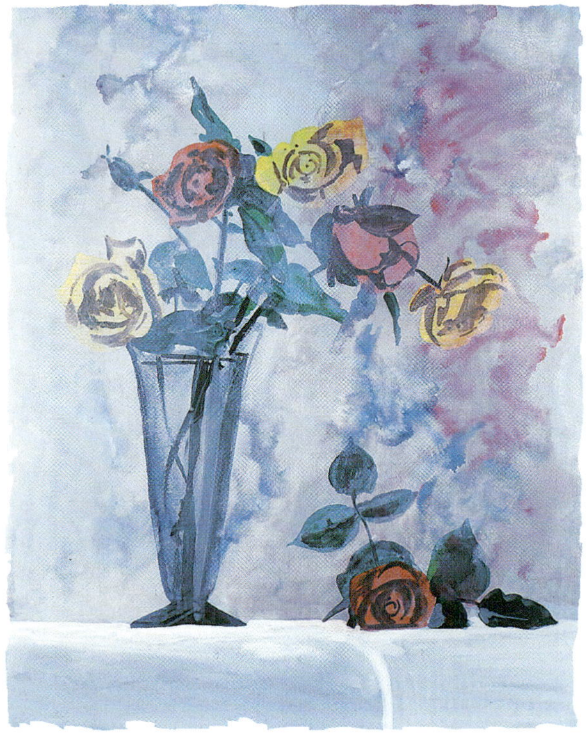

1 Der Motivhintergrund zu diesem Blumenstilleben wurde mit verdünnten Acrylfarben, die naß-in-naß ineinanderliefen, gestaltet. Die Vase mit den Blumen ist mit Acrylfarbe detailgetreu aufskizziert. Der Hintergrund blieb nach dem Trocknen unberührt stehen und wurde als experimentelles Stilelement in die Bildkomposition eingebaut. Durch den verdünnten Auftrag erhält die gesamte Komposition ein milchiges Aussehen. Dieser Effekt verschwindet nach dem ersten Fixieren der Pastellfarbe.

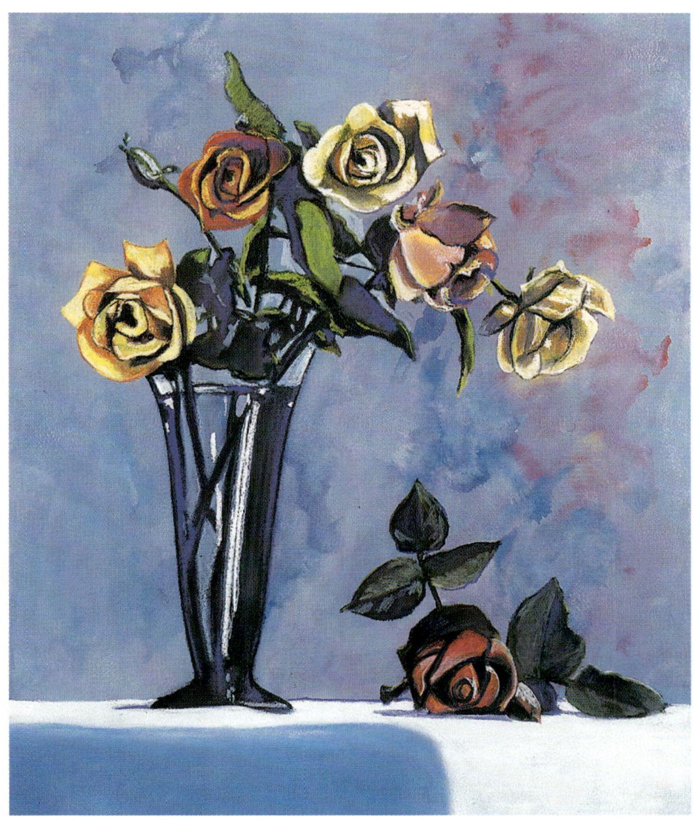

2 Die Vase und die Blumen wurden mit harten Pastellfarben übermalt. Die aufgetragenen Pastellfarbschichten mußten immer wieder zwischenfixiert werden, damit das Pigment auf der Acrylfarbe haften blieb. Durch die so entstandene Mischtechnik sind verschiedene Bildkompositionen möglich. Die Übermalung der Acrylfarbe mit Pastell hebt die Farbtöne der Blumenvase kräftiger hervor und schwächt den unberührten Hintergrund etwas ab. Das fertige Bildbeispiel zeigt deutlich die erfolgreiche Kombination beider Techniken.

Strukturen

Pastellfarbe haftet auf unterschiedlichen Oberflächen. So lassen sich nicht nur auf verschiedenen Papiersorten eigenwillige Effekte erzielen, sondern auch auf eigens angefertigten strukturierten Malgründen. Strukturen können auf verschiedene Weise hergestellt werden. Man kann z.B. Sand auf einen stabilen, vorbehandelten Untergrund streuen. Interessante Flächen entstehen auch auf aufgeklebtem und grundiertem Seidenpapier, und die Rückseite einer Hartfaserplatte eignet sich ebenso zum Bemalen wie Tapete und Putz.

Die einfachste Methode, einen strukturierten Malgrund herzustellen, ist das Auftragen von Acrylstrukturpaste auf stabilem Karton. Durch verschiedene Werkzeuge, wie Borstenpinsel oder Kamm, erhält die Paste eine lebendige Oberfläche, die beim Übermalen mit Pastellfarbe erhalten bleibt. Grobe unregelmäßige Strukturen lassen sich auch mit einem Messer oder einem Malspachtel herstellen. Der eigenen Phantasie sind keine Grenzen gesetzt.

Nach dem Trocknen der Paste empfiehlt sich ein Übermalen mit Acryl-Halbkreidegrund. Dies verbessert die Haftung der Pastellpigmente auf der Oberfläche.

Die aufgetragene Farbe muß von Schicht zu Schicht zwischenfixiert werden. Bei stark strukturierten Untergründen sind weiche Pastelle zu empfehlen, die besser in die Vertiefungen gelangen und somit die Flächen besser überdecken. Es empfiehlt sich, solche Bilder sofort nach der Fertigstellung zu rahmen oder durch andere Maßnahmen vor Beschädigungen zu schützen. Das angereicherte Pigment liegt ungeschützt in einer dicken Schicht auf der Oberfläche und reibt sich bei Berührung sehr leicht wieder ab.

Bei dieser Bildvergrößerung kann man deutlich die Struktur der Maloberfläche erkennen. Die Höhen und Tiefen können das Pigment der Pastellfarbe unterschiedlich aufnehmen. Nach dem Fixieren der Farbe bleibt die Struktur weiter erkennbar. So lassen sich besonders reizvolle Pastellgemälde herstellen. Allerdings benötigen alle strukturierten Oberflächen eine sehr gründliche Fixierung des Pigmentes.

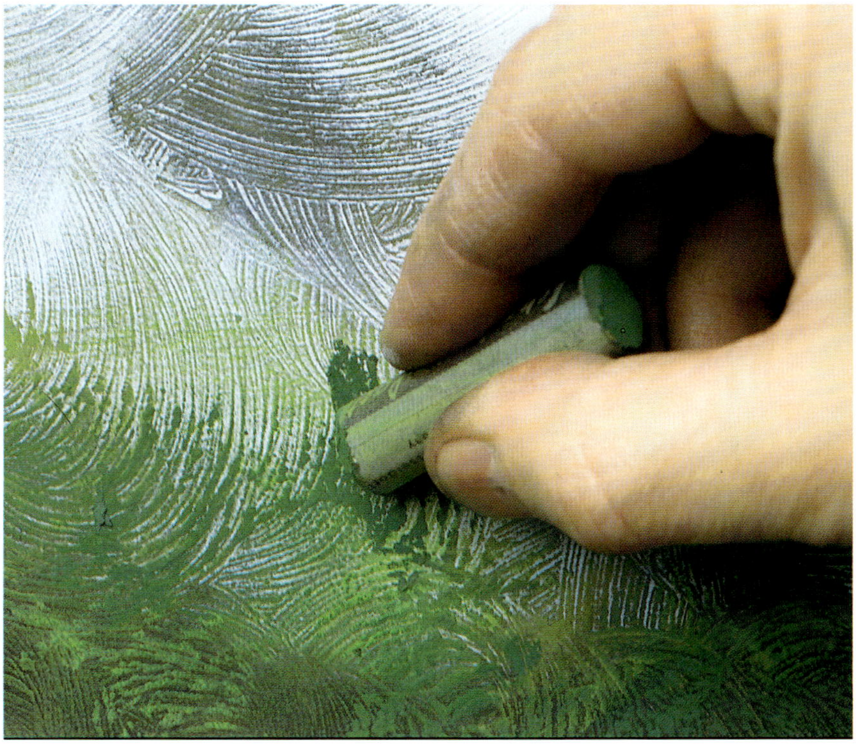

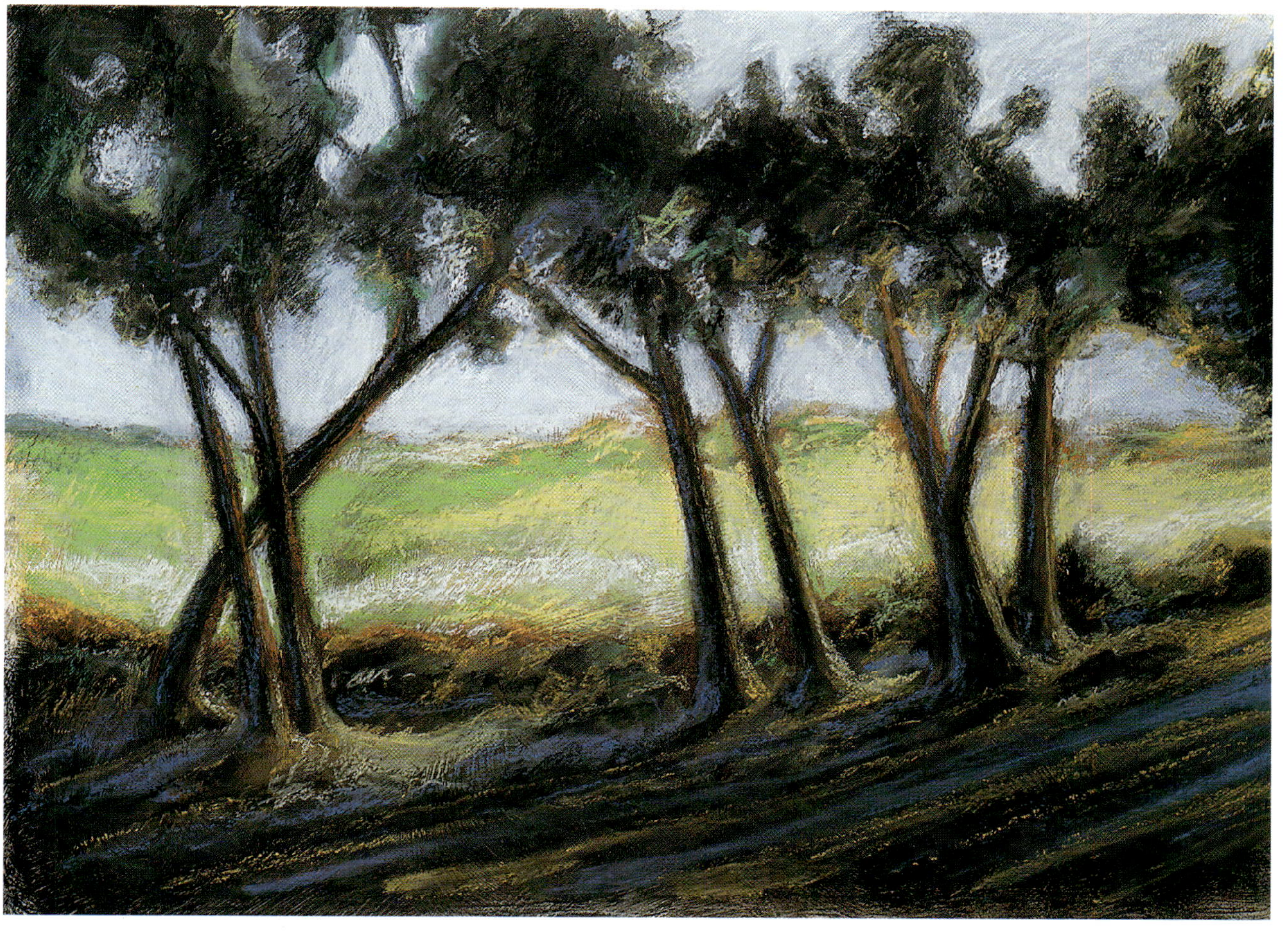

Beide Bildbeispiele zeigen die Verwendung von Strukturpaste in Verbindung mit einer Acryl-Gesso-Grundierung. Bei der Abbildung oben wurde die Strukturpaste unverdünnt mit einem Borstenpinsel in kreisenden Bewegungen aufgetragen. Nach dem Durchtrocknen wurde nochmals mit Acryl-Gesso-Grundierung grundiert und dann das Pastell kräftig aufgetragen. Für das unten abgebildete Motiv wurde die Strukturpaste stark verdünnt, mit blaugrauer Farbe abgetönt und mit einem weichen Pinsel aufgetragen. Die entstandene Struktur ist sehr fein und ermöglicht die Lasur mehrerer Farbschichten.

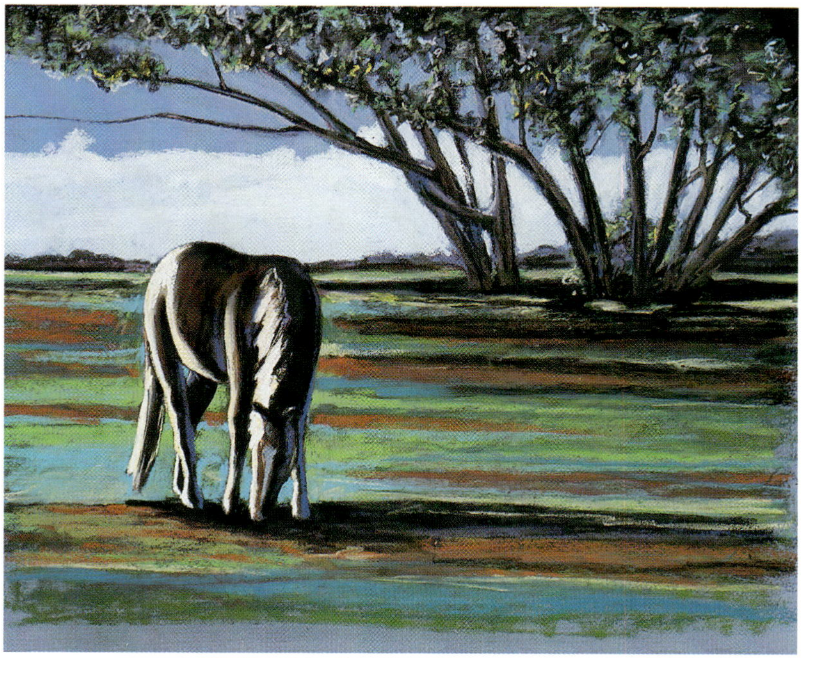

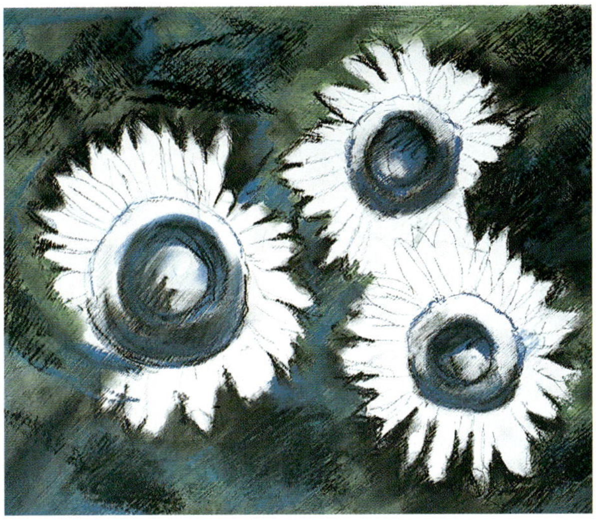

Strukturen

Schritt-für-Schritt-Übung

1 Skizzieren Sie das Motiv mit schwarzer Farbe auf den Untergrund. Bauen Sie auch hier die Komposition von Dunkel nach Hell auf. Malen Sie den Hintergrund mit dunklen Farbtönen deckend aus. Die Farbe kann mit den Fingern verwischt werden oder als Lasur stehenbleiben. Mit dunklen Farbtönen gibt man dem Fruchtkörper der Blume die nötige Plastizität. Die Blütenblätter werden bei diesem Schritt noch ausgespart. Die Farbe sollte mit Fixativ gut angefeuchtet werden.

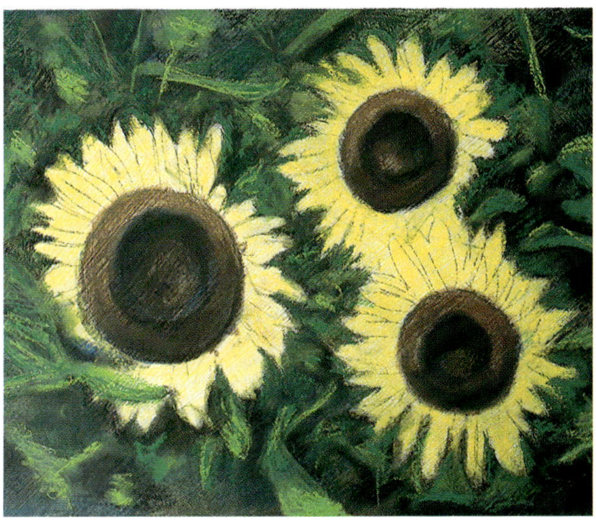

2 Mit grüner Farbe deuten Sie die Blätter an. Es sollten Farbtöne sein, die sich vom dunklen Hintergrund gut absetzen. Der Fruchtkörper der Sonnenblume wird mit einem dunklen Braun übermalt. Das Weiß des Malgrundes darf ruhig noch hervorscheinen. Es verleiht dem Motiv die nötige Tiefe. Die Blütenblätter malen Sie mit Gelb aus. Der gesamte Farbauftrag wird nochmals gründlich fixiert.

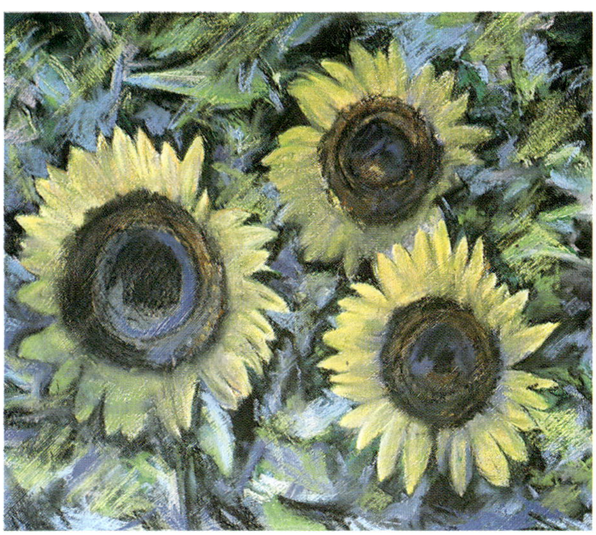

3 Das vorgestellte Motiv lebt durch das Zusammenspiel von Licht und Schatten. Um dies zu erreichen, müssen Sie in die Blütenblätter dunklere Farbtöne einarbeiten. Grün und Blau sind hier die dominierenden Farben. Der Hintergrund wird ebenfalls mit verschiedenen Blau- und Grüntönen abgesetzt und mit den Fingern verwischt. Dabei sollte ein unregelmäßiges, verschwommenes Farbenspiel entstehen.

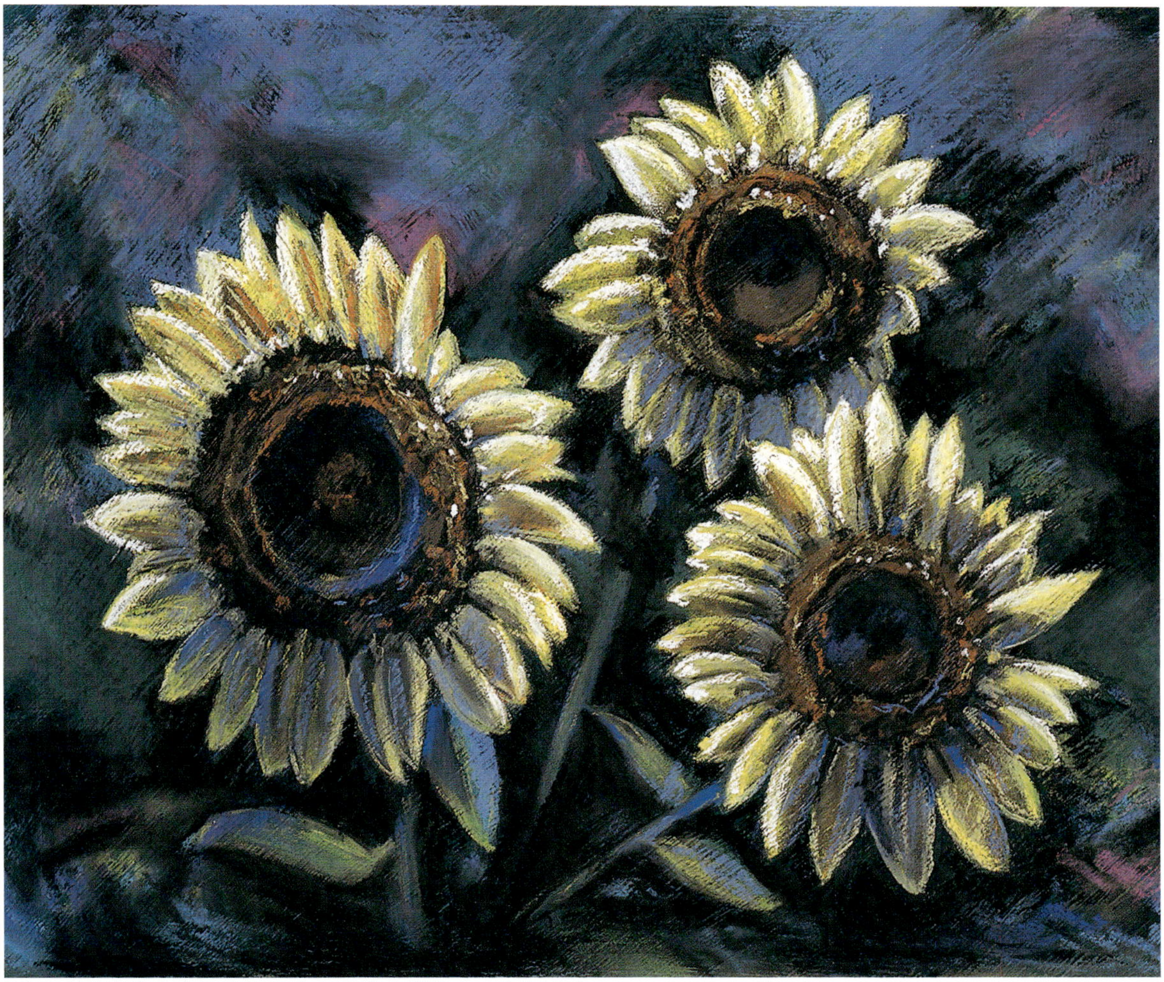

4 Mit schwarzer Farbe heben Sie die Details zusätzlich hervor. Die Lichtreflexe auf den Fruchtkörpern der Sonnenblume gestalten Sie mit Gelb, Orange und Weiß. Zum Schluß überarbeiten Sie mit Ultramarin nochmals einige Schatten auf den Blütenblättern und Fruchtkörpern der Blumen. Damit der lebendige Ausdruck des Farbauftrages erhalten bleibt, sollten Sie das Werk abschließend nicht mehr fixieren.

Bei dieser Übung ist die Farbwahl nicht von Bedeutung. Hier geht es lediglich um das Begreifen des Farbauftrages. Die Struktur des vorgestellten Motivs wurde mit einem Borstenpinsel erzeugt. Durch drehende Bewegungen entstand eine pastose Schicht, die der Oberfläche eines Ölbildes ähnlich ist. Die Farbe muß bei solch starken Erhöhungen und Vertiefungen stärker aufgetragen und immer wieder zwischenfixiert werden. Nur so ist gewährleistet, daß die Pigmente der Pastellfarbe auf der gesamten Fläche dauerhaft haften bleiben. Wenn Sie sich für einen strukturierten Malgrund entscheiden, benötigen Sie weiche Pastelle. Mit harten Kreiden werden Sie keine befriedigenden Ergebnisse erzielen.

Porträt und Akt

Wie keine andere Farbe ermöglicht das Pastell unendliche Nuancen bei der Darstellung der menschlichen Haut. Aus diesem Grund ist die Technik besonders für den Akt und das Porträt zu empfehlen. Durch Lasieren und Verwischen läßt sich die Plastizität des menschlichen Körpers eindrucksvoll wiedergeben.

Dabei lohnt es sich, einige Grundregeln zu beachten. Denn erst das Zusammenspiel von kalten und warmen Farben verleiht der menschlichen Haut Plastizität.

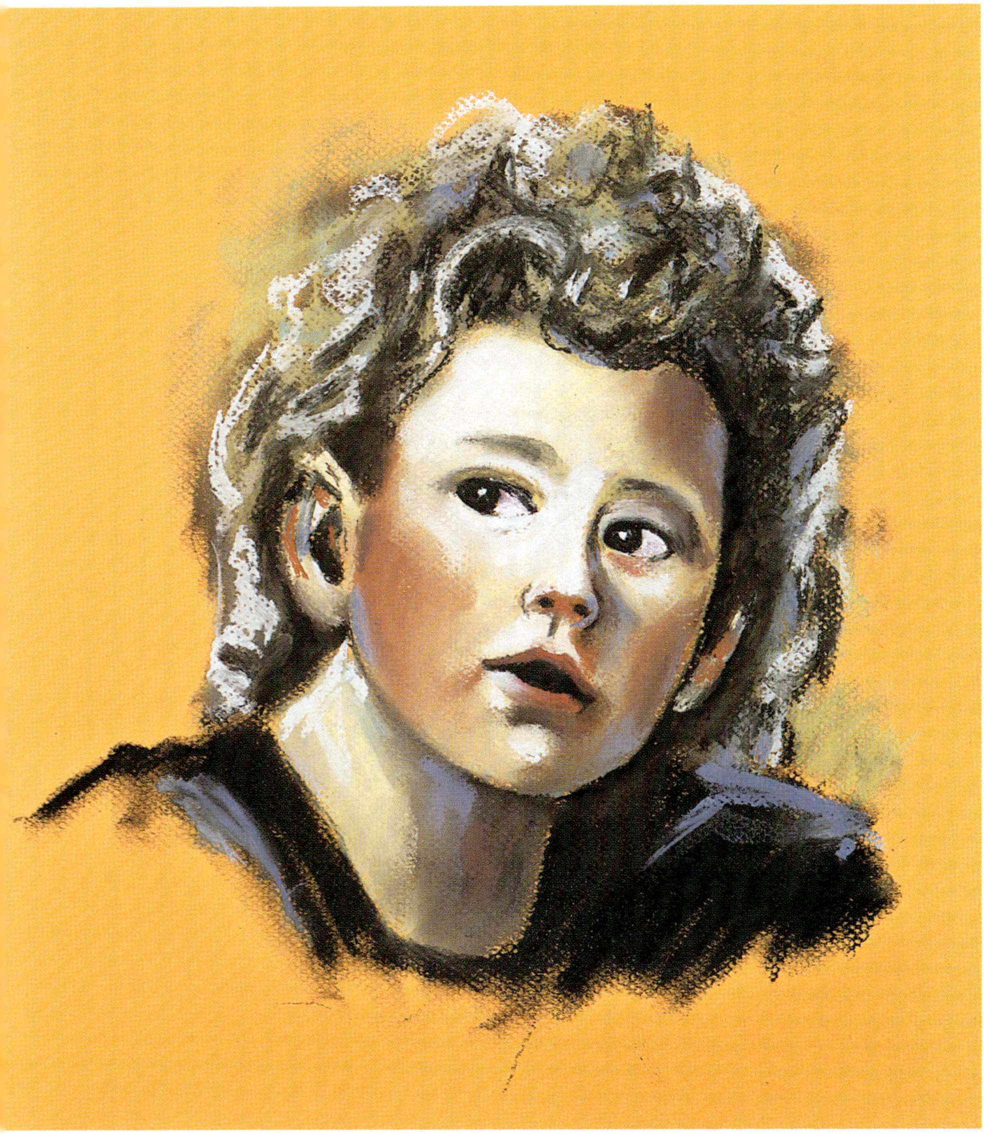

Skizzen und Entwürfe können zwar aufgrund ihrer Einfachheit in monochromen Farbtönen gestaltet werden, es ist aber grundsätzlich nicht empfehlenswert, Licht und Schattenpartien ausschließlich in kalten oder warmen Farben zu malen. Es kommt auch auf die Farbharmonie eines Bildes an.

Die Farben

Die Farben, die man für ein Porträt oder einen Akt verwendet, können sich von Motiv zu Motiv ändern. Sie sind nicht starr festgelegt. Der Pastellmaler wird die Farbauswahl schon in einem frühen Entstehungsstadium treffen und die Farben aufeinander abstimmen. Dem ungeübten Maler kann das Verwenden einer Fotografie des Porträtierten in diesem Stadium nützlich sein. Trotzdem sollte er bei der Farbauswahl seine eigene Phantasie spielen lassen und kräftige Farben verwenden.

Durch das Aufschichten und Mischen von verschiedenen Farben schafft man realistische Hauttöne. Schatten können mit warmen oder kalten Farbtönen gesetzt werden. Interessant und lebendig wirken Schatten, die mit kalten Farben, wie Blau oder Grün, gemalt wurden.

„Kinderporträt" 30 x 30 cm Pastell auf gelb getöntem „Mi-Teintes"-Papier.

Der gelbe Farbton des Papiers wurde bei diesem Porträt als Hintergrund benutzt. Die Farbe wurde verwischt und lasiert.

Wer sich nur mit der menschlichen Gestalt malerisch auseinandersetzt, benötigt eine ganz bestimmte Auswahl an Farbtönen. Einige Hersteller haben solche Sortierungen in eigenen Kästen zusammengestellt. Für den Anfang genügt eine reduzierte Palette, die im weiteren Verlauf des Lernprozesses ergänzt und vervollständigt werden kann. Sie sollte aus weichen Pastellkreiden in den Farben Orange hell, Krapplack hell, Blauviolett mittel, Goldocker hell, Englischrot hell, Siena gebrannt, Umbra gebrannt, Blaugrau, Ultramarin, Olivgrün sowie Schwarz und Weiß bestehen.

Zusätzlich sollten holzgefaßte Pastellstifte in folgenden Schattierungen vorhanden sein: Dunkelrot, Schwarz, Weiß und Ultramarin

Die Technik

Um ein Porträt oder Akt zu malen, sind nicht nur anatomische Kenntnisse, Konzentration und Planung erforderlich. Auch die richtige Farbauswahl und der Untergrund spielen eine entscheidende Rolle. Glatte Papiere geben die Darstellung anders wieder als grob strukturierte Oberflächen. Ebenso ist es entscheidend, welche Technik verwendet wird. Ein lasiertes Motiv unterscheidet sich von einer verwischten Szene dadurch, daß es die Farben kräftiger hervorhebt. Beim Verwischen werden die zarten Farbabstufungen besser wiedergegeben.

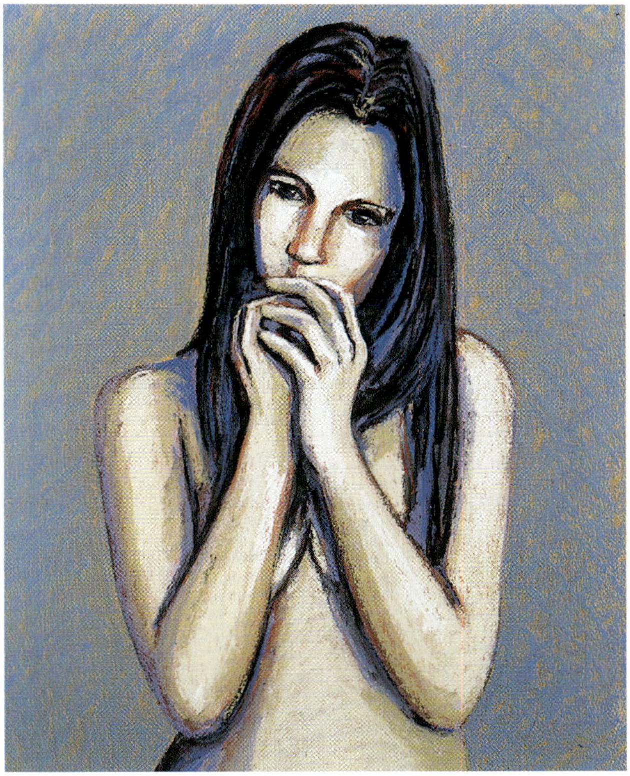

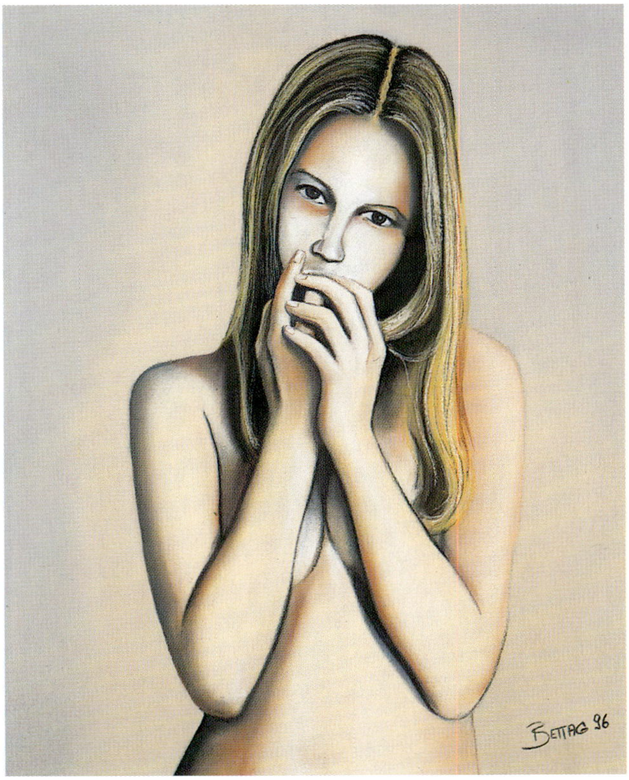

Die Gegenüberstellung des gleichen Motivs in Lasur- und Verwischtechnik zeigt deutlich, daß bei Verwendung der unterschiedlichen Techniken verschiedene Bildwirkungen entstehen können. Durch den verwischten Farbauftrag wirkt das Bild unten sehr zart und ruhig. Das andere oben, als Gegenstück, wurde lediglich lasiert und zeigt grob und bunt aufgetragene Farben. Obwohl es in der Ausführung oberflächlicher ist, wirkt es lebendiger.

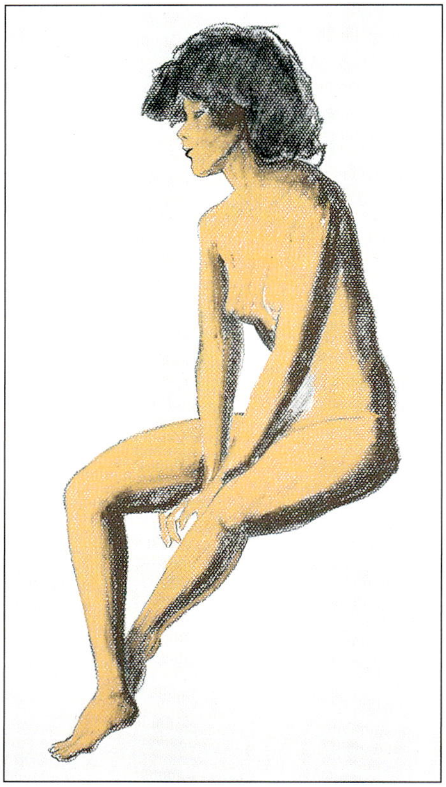

Porträt und Akt

Schritt-für-Schritt-Übung

1 Die Vorzeichnung beruht auf einer schnell entstandenen Skizze, die nach der anatomisch richtigen Ausarbeitung auf ein Pastellpapier übertragen wurde. Der Körper des Mädchens wird mit Gelbocker flächig ausgemalt, und die Schatten werden mit Umbra gebrannt aufgesetzt. Anschließend verwischt man beide Farben auf dem Papier, sodaß eine geschlossene Farbschicht entsteht. Für die Schatten wird Umbra gebrannt nur leicht in die hellen Farbpartien eingemischt.

2 Nach dem Fixieren dunkelt die Hautfarbe (Gelbocker) etwas nach und wird partiell mit einem helleren Ton (Gelbocker hell) übermalt. So werden die Stellen, auf die Licht fällt, hervorgehoben. Dies verleiht der Figur Plastizität und läßt sie lebendig aussehen. Dieser Farbauftrag wird leicht über die darunterliegende fixierte Schicht gewischt. Strichspuren dürfen ruhig noch erkennbar sein.

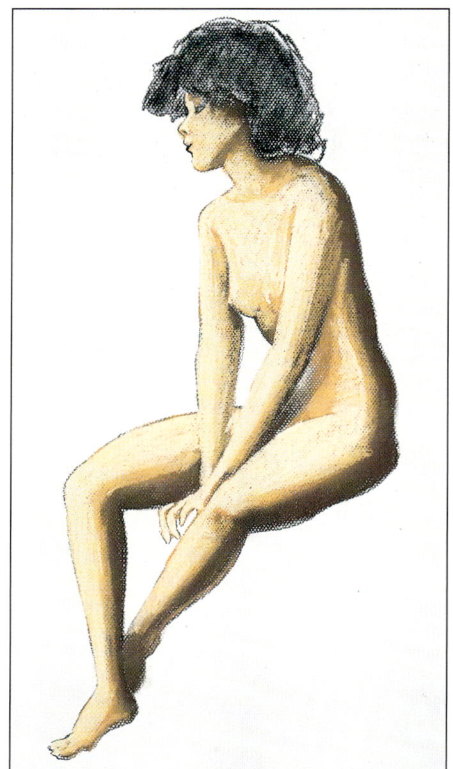

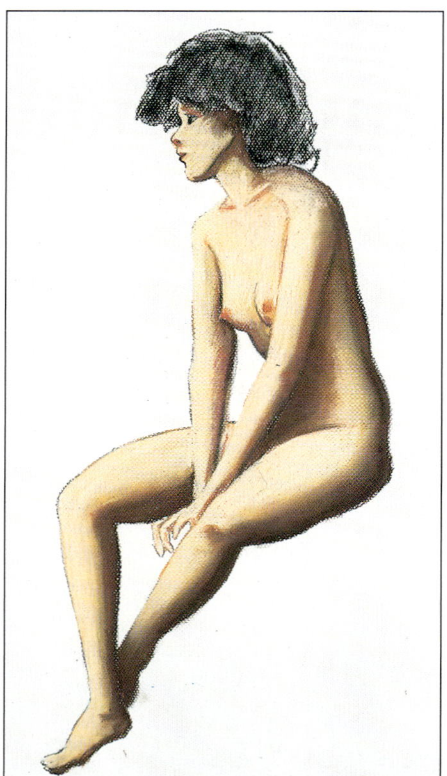

3 Um dem Körper sein endgültiges Volumen zu geben, werden die Schatten mit Krapplack dunkel weiter verstärkt. Die Farbe wird in kurzen Strichen aufgetragen und später mit den Fingern leicht verwischt.

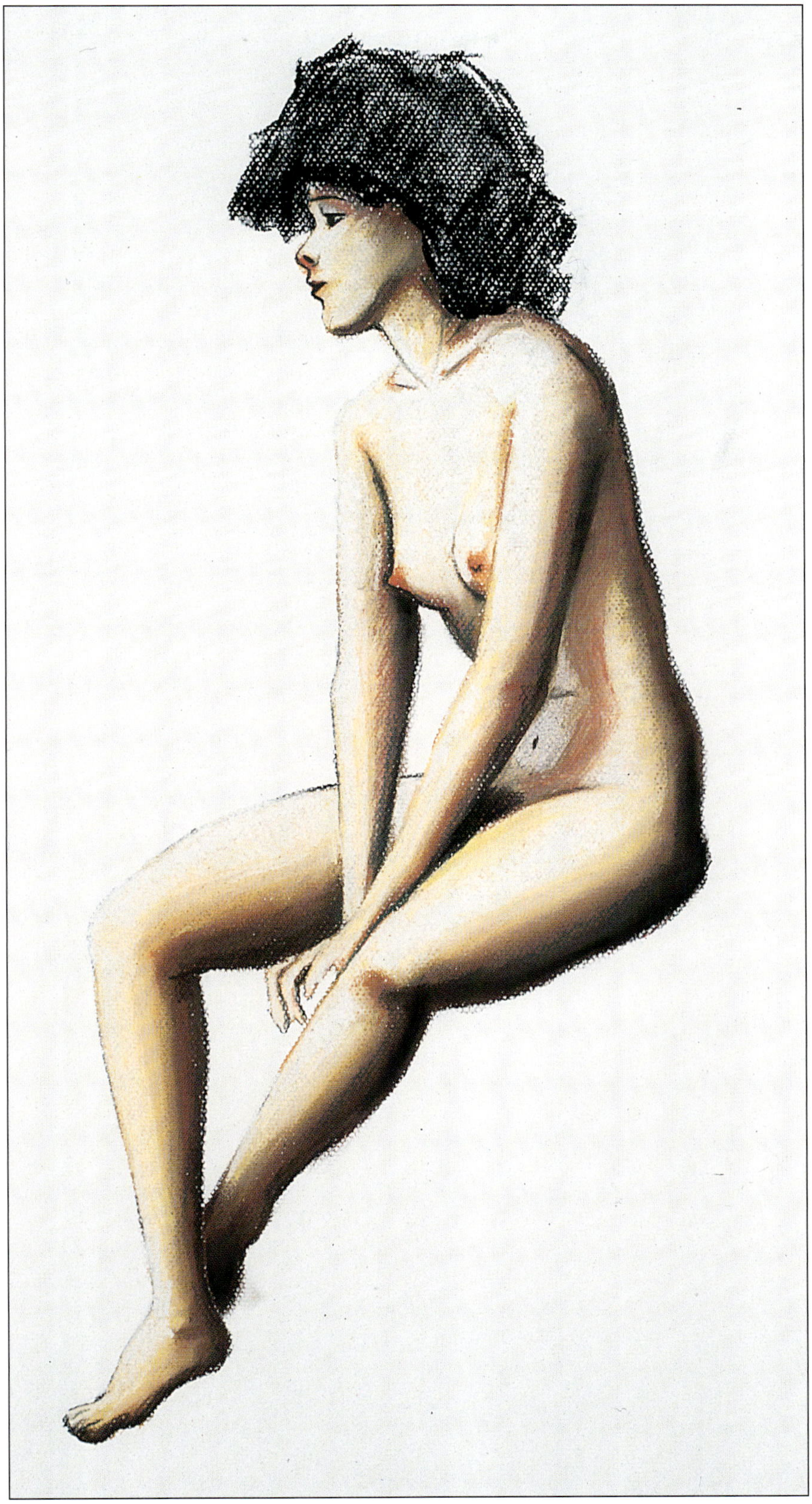

4 Zum Abschluß der Arbeit werden mit Weiß oder Gelbocker hell die letzten Lichtpunkte gesetzt. Die weiße Farbe verstärkt die Lichtreflexe auf der Haut. Helle Ocker- oder Orangetöne schwächen sie etwas ab. Hier spielt die Lichtquelle vor Ort eine entscheidende Rolle. Je nach Lichteinfall variiren die Lichtreflexe auf der Haut. Mit schwarzer Farbe werden noch einige Details gemalt und die Schatten weiter verstärkt.

Die vorgestellte Übung stützt sich auf eine reduzierte Farbskala, die nach und nach erweitert werden kann.

Farbpalette für Porträts und Akt:
Schwarz, Umbra gebrannt dunkel, Gelbocker, Orange hell, Krapplack dunkel, Chromgrün dunkel oder Ultramarin, Weiß oder Gelbocker hell.

Mit diesen Farbtönen ist es möglich, die menschliche Haut darzustellen. Natürlich bieten die meisten Hersteller noch andere Braun- und Orangetöne in verschiedenen Helligkeitsabstufungen an, die ebenfalls benutzt werden können.

Reparaturen und Fehlerkorrektur

Es gibt Maltechniken, bei denen Fehler leicht ausgebessert werden können.

Bei der Öl- und Acrylmalerei kann man fehlerhafte Stellen immer wieder übermalen. Aber auch das Pastell bietet in begrenztem Umfang Korrekturmöglichkeiten, die man beherrschen sollte.

Ein Problem der Pastellmalerei ist, daß der Untergrund nur wenige Farbschichten annimmt. Deshalb wird der letzte Farbauftrag, meistens helle Töne oder weiße Farbe, bei einer Übersättigung verschmiert. Dies geschieht oft bei matten und glatten Papieren. Leider läßt sich dies aber nur mit sehr viel Geschick und großem Aufwand korrigieren. Falls der Farbauftrag noch nicht fixiert ist, läßt er sich sehr leicht mit einem Tuch entfernen. Details retuschiert man am besten mit einem Knetgummi.
Die Farbe verschwindet dabei nicht vollständig. Es bleibt ein mattes, verschwommenes Bild zurück, das erneut überarbeitet werden kann.

Wenn das Papier mit Farbe gesättigt ist, nimmt es keine weitere Farbschicht mehr an. Jeder Versuch, neue Farbe aufzutragen, scheitert daran, daß die unteren Schichten freigelegt werden. Fängt die Farbe an zu glänzen, wird ein Reparaturversuch schwierig. Erste Abhilfe kann hier das Übermalen mit feuchter Pastellkreide schaffen.

Die fehlerhafte Stelle wird mit Fixativ kräftig besprüht. Die noch feuchte Stelle übermalt man dann mit einer weichen Kreide des gleichen Farbtons. Das Pigment bindet sich zu einer dicken Schicht auf der fehlerhaften Stelle und überdeckt die darunterliegende Farbe vollständig. Eine so behandelte Stelle kann allerdings nicht mehr verwischt oder übermalt werden. Es empfiehlt sich, detailreiche Motivausschnitte während des Fixierens mit einer Schablone abzudecken, damit sich die umliegenden Farbtöne nicht verändern können.

Es gibt zwei weitere, allerdings etwas aufwendigere Korrekturmöglichkeiten, die bei der Fehlerbeseitigung angewendet werden können. Eine Methode ist, die Farbschichten bis auf den Untergrund zu entfernen. Bei einem weißen Papier lassen sich so neue Farbschichten auftragen. Bunte Papiere oder Untergründe sollten nochmals mit einem identischen Farbton abgetönt werden. Da diese Methode sehr viel Übung voraussetzt, sollte ein Anfänger vorsichtig damit umgehen.

Die bessere Möglichkeit ist die „Naß-in-Trocken-Methode", die sich die Wasservermalbarkeit des Pastellpigmentes zunutze macht.

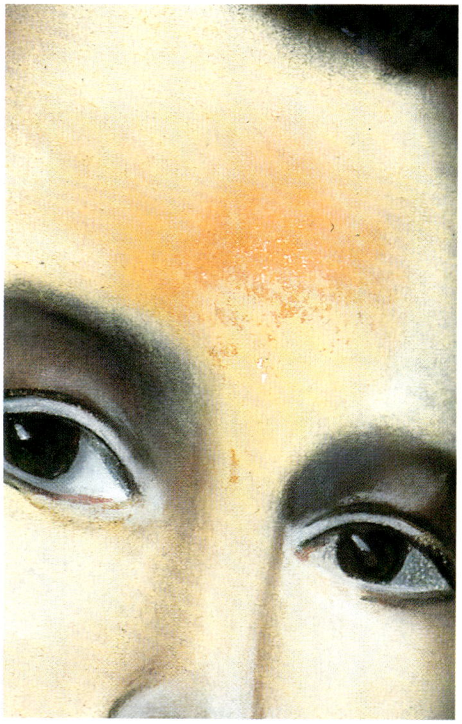

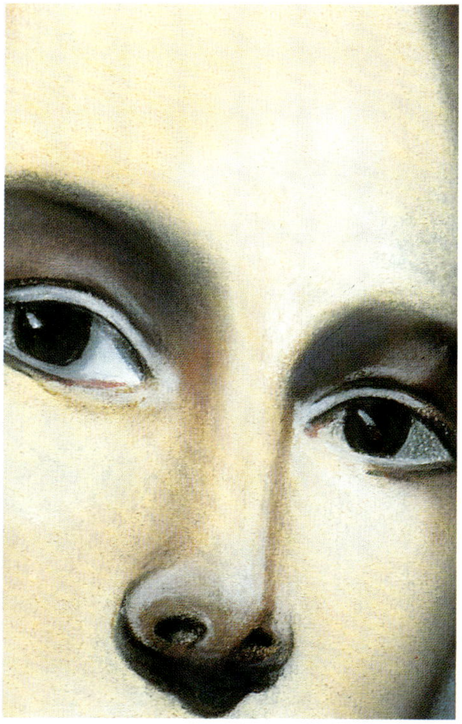

Übermalen mit feuchter Pastellfarbe

Erste Abhilfe bei der Ablösung von übersättigten Farbschichten bringt das Besprühen mit Fixativ und das Übermalen der noch feuchten Farbschicht mit Pastell. Wie an dem gezeigten Bildbeispiel zu erkennen, läßt sich dadurch das angelöste Pigment ersetzen. Die angetrocknete Farbschicht löst sich allerdings beim erneuten Übermalen wieder ab. Deshalb solllte diese Technik nur für einmalige Reparaturen der Farbschicht angewandt werden.

Sie kann auf fast allen Papieren und mit allen Pastellsorten nachvollzogen werden. Bei dieser Methode wird die fehlerhafte Stelle mit wasservermalbaren Farben übermalt. Optimale Ergebnisse erzielt man mit Gouache oder Tempera, die aufgrund ihrer Zusammensetzung einen matten Farbauftrag ergeben. Das Pastellpigment vermischt sich mit der Tempera und bildet einen festen, weiter bearbeitbaren Untergrund. Dunkle Bildstellen können so mühelos überdeckt werden. Wenn der Untergrund mit Pastellpigment übersättigt ist und helle oder weiße Farbe nicht mehr annimmt, lassen sich so immer noch Spitzlichter aufsetzten. Die matte Gouache oder Tempera harmoniert mit dem Pastellpigment sehr gut und läßt sich davon kaum unterscheiden.

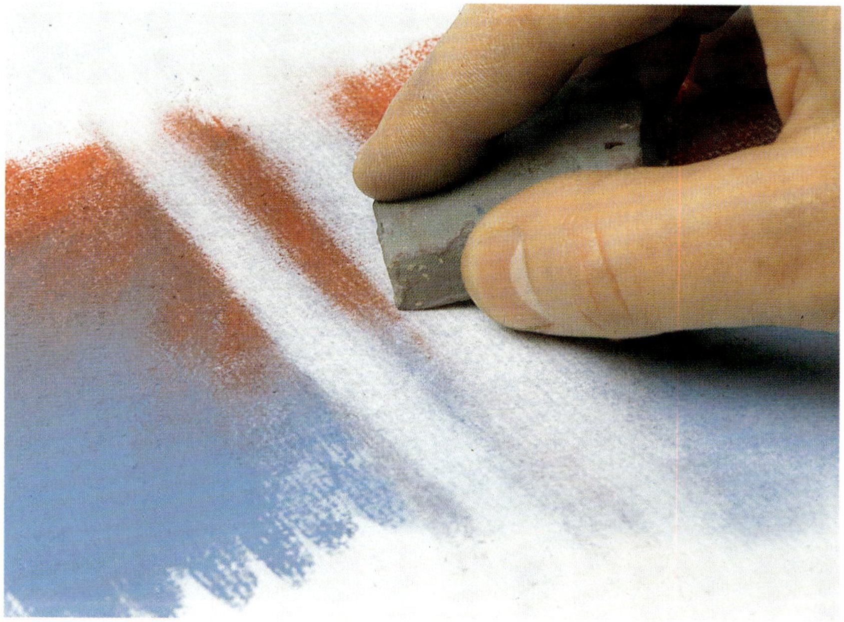

Dünne, unfixierte Farbschichten lassen sich mühelos mit einem Knetgummi von der Papieroberfläche entfernen. Die Oberfläche wird dadurch nicht beschädigt und kann problemlos wieder übermalt werden.

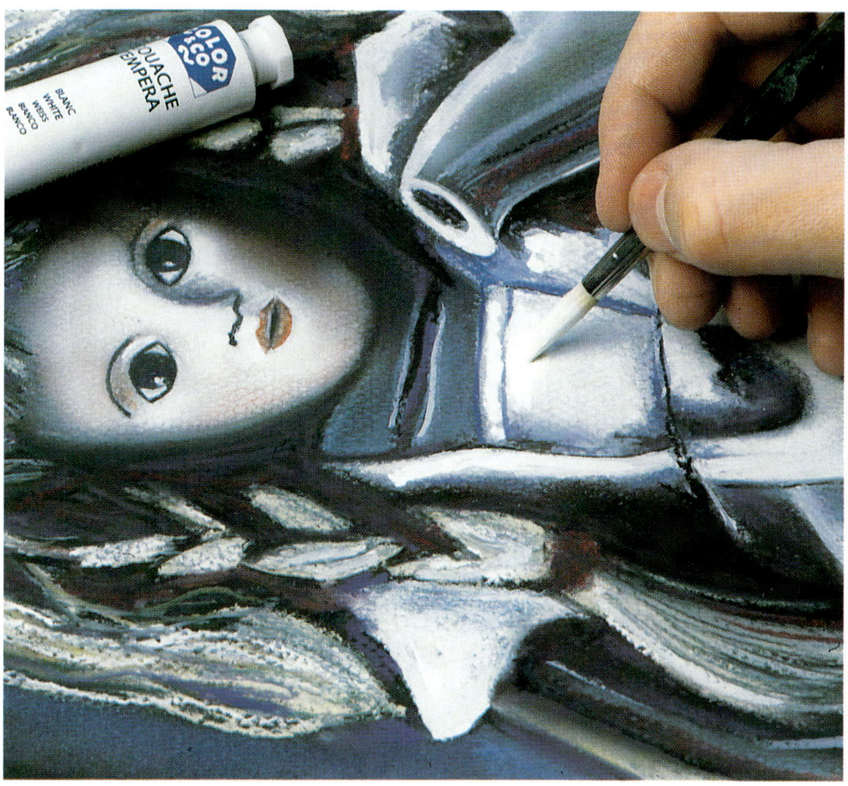

Übermalen mit Tempera

Mit der „Naß-in-Trocken"-Methode läßt sich jedes Pastellbild erfolgreich reparieren. Durch das Übermalen der schadhaften Bildstellen mit Temperafarbe wird die Pastellschicht versiegelt und kann erneut mit jedem beliebigen Farbton übermalt werden. Da Pastellpigmente wasserlöslich sind, vermischt sich ein Teil der Temperafarbe mit dem Pastell und ermöglicht bei der Übermalung auch weiche Übergänge zwischen den verschiedenen Farbtönen.

Die richtige Rahmung

Aufgrund des staubartigen Farbauftrags kann die Oberfläche eines Pastellbildes sehr leicht zerstört werden. Druckstellen und Abschürfungen entstehen manchmal schon durch leichtes Berühren mit den Fingern.

Lagerung und Schutzmaßnahmen

Aus diesem Grund ist die richtige Lagerung und das Rahmen nicht nur eine Frage der Ästhetik, sondern zwingend notwendig, um eine gelungene Arbeit zu schützen. Fachgerecht gerahmt oder gelagert sind Pastellbilder genauso haltbar wie Bilder, die in anderen Maltechniken entstanden sind.
Es gibt mehrere Möglichkeiten, ein Pastell zu schützen. Als erste, allerdings umstrittene Schutzmaßnahme, sei hier das abschließende Fixieren genannt. Das Fixativ bindet den Pigmentstaub auf das Papier. Leider wird die Farbe durch übermäßiges Fixieren verändert. Dies kann den leichten, luftigen Farbauftrag zerstören. Besser ist es, die Farbschicht mit einem Deckblatt aus Pergamin oder Seidenpapier zu schützen.

Im Fachhandel gibt es Bildermappen, die ebenfalls einen gewissen Schutz für ihre Arbeiten bieten können. Es ist ratsam, fertige Pastelle nicht so oft aus ihren Schutzhüllen zu nehmen.

Stöße und Erschütterungen sollten grundsätzlich vermieden werden. Die Farbe könnte dadurch abfallen. Obwohl es immer wieder empfohlen wird, sollte das Bild auch nicht liegend aufbewahrt werden. Ein stehendes Bild kann zwar mit der Zeit etwas Farbe verlieren, aber übereinander gestapelte Pastelle verlieren durch den Druck wesentlich mehr Farbe. Achten Sie darauf, daß die Bilder immer an einem staubfreien, trockenen Ort aufbewahrt werden.

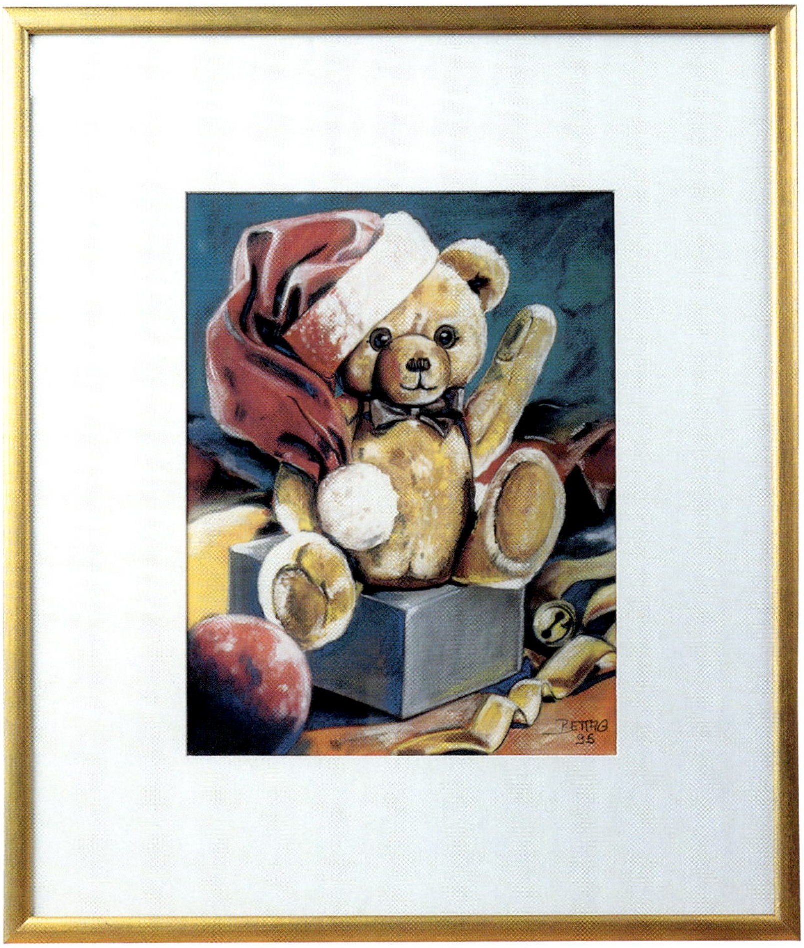

Die Auswahl des richtigen Rahmens ist in erster Linie eine Frage des persönlichen Geschmacks. Trotzdem sollte die Farbe des Rahmens und des Passepartouts mit der Komposition harmonieren.

Hinter Glas rahmen

Die sicherste Methode, ein Pastellbild zu schützen, ist das Einrahmen hinter Glas. Allerdings darf das Bild nicht direkt auf dem Glas liegen. Dazwischen muß ein mindestens 3mm starkes Passepartout gelegt werden. Das Bild sollte zur Sicherheit auf einem Trägerkarton befestigt sein. Dazu verwendet man nach Möglichkeit ein ph-neutrales Klebeband (Filmoplast).

Gewellte Pastellpapiere werden mit Buchbinderleim vorsichtig auf dem Trägerkarton angebracht.
Zur Stabilisierung und als weiterer Schutz wird eine 3 mm starke Hartfaserplatte als Rückseite eingesetzt. Mit einem Naßklebeband oder einem Rückseitenpapier kann

der Inhalt des Rahmens zusätzlich vor Schmutz und Feuchtigkeit geschützt werden.

Gestalterisch sind bei der Auswahl des Rahmens oder des Passepartous keine Grenzen gesetzt. Es gibt zwar eine Grundregel, die besagt, daß der Platz zwischen Passepartout und Rahmen mindestens 5, aber nicht mehr als 10 Zentimeter betragen soll. Wenn der Gesamteindruck es zuläßt, kann dieser Abstand aber auch größer bemessen werden. Benutzen Sie nach Möglichkeit kein Acryl- oder Kunstoffglas. Es lädt sich statisch auf und zieht die Pastellpigmente wie ein Magnet an. Der Kunststoff läßt sich nur schwer säubern und das Pastell kann unter solch einer Dauerbeanspruchung stark leiden.

Wenn Sie Ihr Bild bei einem Fachhändler einrahmen lassen, bestehen Sie auf ein säurefreies Passepartout und auf Bilderglas. Weisen Sie darauf hin, daß Sie keine Nachfixierung wünschen.

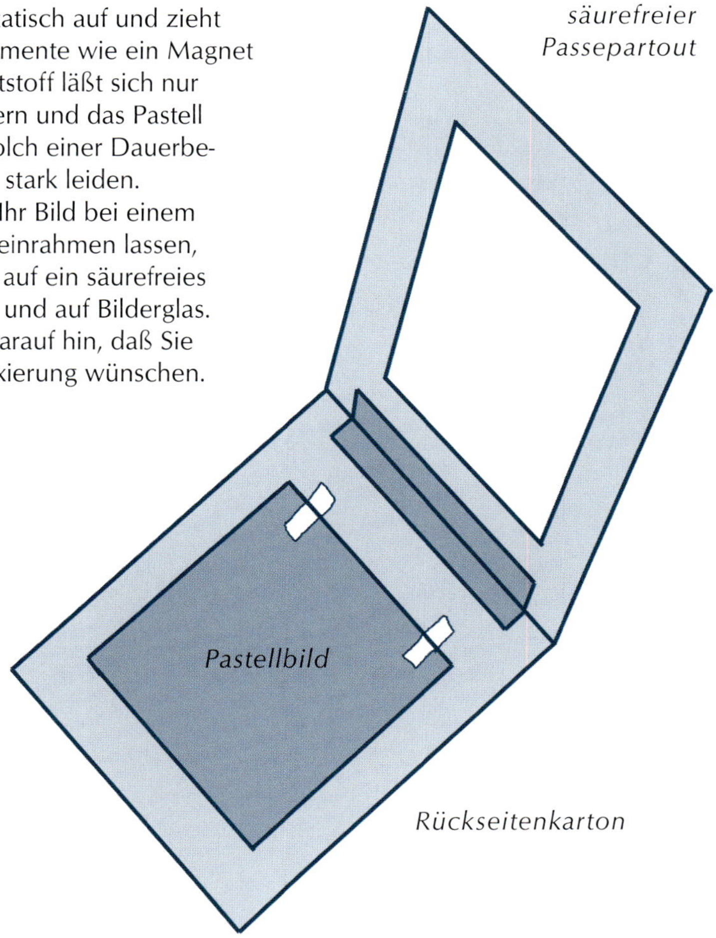

Einfaches Paßsystem für Passepartout

Kleben Sie den geschnittenen Passepartout mit einem Papierstreifen auf den Rückseitenkarton. Dazwischen legen Sie das Bild und befestigen es mit Klebestreifen an jeder Ecke. Für diesen Zweck gibt es ph-neutrale Klebebänder, die das Papier und die Farben nicht angreifen. Klebstoffe sollte man meiden! Die vorgestellte Konstruktion kann auch für das Lagern in einer Mappe verwendet werden. In diesem Fall sollten Sie über den Passepartoutausschnitt ein Schutzpapier legen, damit das Papier nicht beschädigt wird.

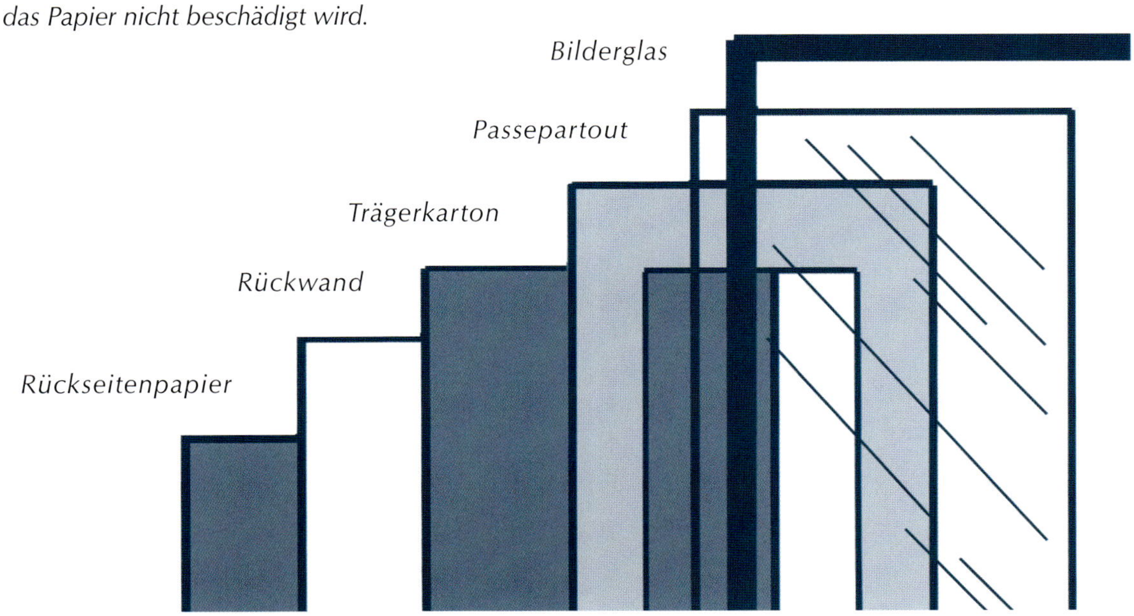

Die Deutsche Bibliothek – CIP-Einheitsaufnahme

Ein Titeldatensatz für diese Publikation ist bei Der Deutschen Bibliothek erhältlich.

Umschlaggestaltung: Jörg Alt
Lektorat: Andrea Müh
Farbfotos, Layout und Satz:
art-studio Bettag, Dudenhofen

AUGUSTUS VERLAG, München 2001

Reproduktion:
e + r Repro GmbH, Donauwörth
Druck und Bindung: Appl, Wemding
Gedruckt auf 135 g umweltfreundliches elementar chlorfrei gebleichtes Papier.

ISBN 3-8043-0475-3
Printed in Germany

Zum Autor

1959 in Speyer geboren
1980 Reprofotograf
1984 freischaffend als Illustrator und Photodesigner
1992 Medienpreisträger
1993 Europäischer Kunstpreis für Malerei

Zahlreiche Ausstellungen, z.B. in Frankfurt, Köln, Hannover, Baden-Baden, Straßburg, Paris und Davos. Arbeiten im öffentlichen und privaten Besitz.

Der Autor arbeitet für verschiedene Kreativ-Magazine als freier Mitarbeiter und ist an der Entwicklung von Künstlermaterial beteiligt. Er ist Dozent mit Lehrauftrag an verschiedenen Institutionen.

Verfasser und Verlag bedanken sich bei Nicole Bettag und Harald Helmut Weiss für ihre Unterstützung.

Für die großzügige Materialunterstützung bedanken sich Verfasser und Verlag bei:
Schmincke Farben,
ColArt-Deutschland
(Winsor & Newton),
Canson & Montgolfier-Deutschland,
Schwan-Stabilo.